分寸感

缔造成功和幸福人际的顶层逻辑

陈亮嘴 著

化学工业出版社

·北京·

图书在版编目（CIP）数据

分寸感：缔造成功和幸福人际的顶层逻辑 / 陈亮嘴著. -- 北京：化学工业出版社，2025.1. -- ISBN 978-7-122-46324-1

Ⅰ．B821-49

中国国家版本馆CIP数据核字第2024CK4817号

责任编辑：郑叶琳　　　　装帧设计：韩　飞
责任校对：宋　玮

出版发行：化学工业出版社（北京市东城区青年湖南街13号
　　　　　邮政编码100011）
印　　装：三河市双峰印刷装订有限公司
880mm×1230mm　1/32　印张7¼　字数128千字
2025年1月北京第1版第1次印刷

购书咨询：010-64518888　　　　售后服务：010-64518899
网　　址：http://www.cip.com.cn
凡购买本书，如有缺损质量问题，本社销售中心负责调换。

定　　价：48.00元　　　　　　　　　　版权所有　违者必究

序

分寸感是生活方式

分寸感是个很宽泛的行为方式，对我们每个人都会有不同程度的影响。在社会里，每个人都身处其中，又参与其中。这是一本社会书卷，也是一种生活方式。这么宽泛的话题，很容易流于形式，枯燥乏味，让大家无感。

但商业和生活又离不开，无法回避。分寸感在不同程度上，也在影响着我们的生活质量。我认为分寸感绕不开这三个关键词：让人舒服、提高效率、正源见新。

让人舒服

这是分寸感的基本常识。在日常生活中，分寸感成为我们与他人交往的一把隐形尺子，以分寸感为尺，丈量美好时光，帮助我们度量着彼此的距离，也守护着内心的平和与宁静。在生活中，分寸感让我们在家庭中与亲人保持适当的距离，既给予他们足够的关爱和支持，又不过分干涉他们的生活。在朋友间，我们也能够保持一种轻松愉快的交往氛围，既能够分享彼此的喜怒哀乐，又不会因过于亲密而产生不必要的误会和矛盾。

在工作中，网络社会使人际关系的复杂性日益增加，拥有分寸感的人容易获取他人的尊重和信任。因为他们懂得如何在与人相处时保持适当的距离和态度，既不会让人感到压抑和束缚，也不会让人感到冷漠和疏离。

分寸感让我们在人际交往中保持一种适度的独立，既不过于依赖他人，也不轻易被外界所干扰。这样的状态与其说是让人舒服，还不如说是让自己舒服。

提高效率

分寸感是提高效率的有效方式，不磨叽、不啰唆、不拖延。它让我们在人际交往中保持独立性，让我们在与人相处时，既能表达自我，又能尊重他人。我们学会了在倾听与表达之间找到平衡，既不会因过于沉默而失去自己的声音，也不会因过于张扬而侵犯他人的空间。面对个人，把握尺度；面对职场，上下有度；面对决策，容易协商；面对合作，达成共识。

正源见新

　　分寸感更是人际交往中的一种能力提升，它需要我们在日常生活中不断地观察、学习和实践。通过观察他人的社交方式，学习他们如何在尊重与理解的基础上与他人相处。同时，通过反思自身的言行举止，不断调整社交方式，让自己更加成熟、稳重。

　　分寸感让我们在与人相处时更加从容、自信，这是正源。在人际交往中，更需要有自己的观点和观念，独到的观点、正能量的观念、简明扼要的提炼能力，这是见新，也是智慧的提升。

　　当下社会，瞬息万变，与人打交道必不可少。分寸感恰恰是工作和生活的七寸，非常习以为常，非常容易忽视，也非常容易让人脱颖而出。能有效把握分寸感，于人于己都是一种美好。

饶红兵

于广州

2024 年 10 月 15 日

前言

在这样一个快速发展的时代,人际关系也日趋复杂。无论是职场上的博弈,还是日常生活中的相处,我们每天都在与人交流、合作、协调与竞争。我们如何在复杂多变的人际关系中做到游刃有余?我们又如何从社交的各个圈层中脱颖而出呢?

答案就是:**保持分寸感**。

分寸感是一个看似简单、实则深奥的概念。它是指在人际互动中能够恰到好处地把握尺度的行为方式,表现为对情境的敏感、对他人情感的考量以及对自身行为的精准调节。没有分寸感的人,就像在人群中盲目挥舞双拳的拳击手,既可能伤害到他人,也难免会伤害到自己。

为何我们需要分寸感?这是因为一个具有良好分寸感的人,不仅能够有效避免不必要的冲突,而且能在复杂的社会关系网中找到适合自己的位置。他知道何时应该坚持、何时应该退让；他懂得如何在尊重他人的同时，保护好自己的界限和利益。这种能力，在今天这个复杂且充满不确定性的世界中，显得尤为重要。

当你在和别人沟通时，如果缺乏分寸感，可能会过度表达自己的观点，让对方感到被压迫或不受尊重。这样不仅可能阻碍问题的解决，还可能损害长期的关系。相反，如果你能适度地表达自己的想法，并给予对方足够的空间和尊重，那么即使双方意见不合，也能找到双方都能接受的解决方案，也不会伤害彼此的关系。

分寸感的重要性不仅体现在言语上,也体现在行为上。例如,2017年,笔者带领策划咨询服务团队进驻温氏集团并为之提供服务。在这样一个合作的工作环境中,分寸感是开展工作协调的重要隐藏能力。因为不同决策者意见不完全相同,如何协调、认可、推动,成为策划咨询服务工作之外看不见的核心能力。比如,何时该保持沉默,何时该推进自己的想法,何时又应该顺应团队的共识。这样才能够更好地带领团队,获得客户的信任与尊重。

在个人生活中,分寸感同样重要。在与家人和朋友的互动中,适当的分寸感可以避免过多地介入他人私事,尊重他人的隐私和选择。这种对个人界限的尊重,是维持健康人际关系的基石。

然而,分寸感的养成并不能一蹴而就,它需要不断学习与实践。本书为你列举了在不同层面保持分寸感的重要原则,包括从人际沟通开始,到职场上与同事、领导的相处,再到社交应酬和为人处世中保持分寸感的原则。每个层面都有不同的学习重点,一旦掌握这些保持分寸感的技巧,你必将成为一个大受欢迎的人。

本书适合人群包括:正在读大学或大学刚毕业的年轻人,他们涉世较浅,缺乏足够的社会经验,容易在社交过程中表现得缺乏分寸感;在职场上长时间无法成长的在职者,他们急需在竞争激烈的工作环境中找到平衡点，获得同事和领导的认可；以及任何希望改善人际沟通能力、增强个人社交效果的人。

此外，本书也适用于企业管理者和领导者，特别是你服务的企业规模很大，决策层级很多，更是需要通过恰到好处的管理手段来激励团队、促进和谐工作氛围，并推动组织目标的实现。笔者从事企业战略咨询工作多年，深刻地认同这样的底层逻辑。

如果你是家庭主妇或家庭主夫以及家庭教育者也会发现，掌握合适的分寸感可以帮助你更有效地与家庭成员沟通，处理家庭内外的关系问题……

事实上，任何人都需要掌握分寸感，这是一种做人、做事的大智慧。它不是简单的退让或妥协，而是一种对社会互动有深度理解的表现。

请你相信，通过不断学习和实践，你可以提升自己的分寸感，使自己在复杂的社会关系网中更加自如，无论是在事业上、生活中，甚至是情绪情感上，都能更加圆满和谐。

书中的部分故事来源于笔者真实服务的多家知名企业案例，为避免对企业的不利影响，文中的人名采用了化名。

陈亮嘴

2024 年 10 月

第一章 不懂分寸感，人生处处是遗憾：为什么分寸感如此重要

- 003 人和人之间，一定要有分寸感
- 007 没有分寸的玩笑，很可能伤人又害己
- 013 做人做事有尺度，千万不要太过
- 016 "有分寸"的人，走到哪儿都受欢迎
- 019 牢记这一点，就能把握分寸感

第二章 人际沟通中的分寸感：表达有尺度，举止有界限

- 025 把话说得太满，自己容易下不来台
- 029 言多必失，控制好表达的频率
- 032 在沟通中保持低调，很容易赢得尊重
- 037 心直口快易伤人
- 039 沟通是双向的，要给别人说话的机会

044 　　争辩也要讲分寸，得理也要饶人
047 　　没有人不喜欢被称赞，但赞美也要适度
052 　　需牢记一点：永远不在背后说别人坏话

第三章 | 与同事相处的分寸感：
　　　　无须心连心，但要手牵手

059 　　职场同事、私人朋友要分清
063 　　用友善的语言赢得同事的好感
067 　　名利不独享，功劳不独占
070 　　懂得推功揽过，是职场上的大智慧
074 　　面对同事的纠纷，尽量保持中立
077 　　不要恃才傲物，太过高调容易吃亏
081 　　想得到同事的帮助，沟通技巧很重要
086 　　同事关系再好，也不要随便议论老板

第四章 | 与领导相处的分寸感：
　　　　锋芒不外露，谦逊得重用

093 　　懂得谦虚和尊重，领导面前有分寸
097 　　态度不卑不亢，表达要有技巧

100	既要踏实肯干,也要适时展现
104	这样向领导提建议,效果更好
107	再有主见,也不要替上司做决定
109	关键时刻往前站,帮领导排忧解难
113	拿出忠心和诚意,更能触动领导的心

第五章 | 管理下属时的分寸感:
把握好批评,掌握好激励

119	管理者的分寸感,从懂得放权开始
124	不要不信任,但也不要过于信任
128	懂人性通人情,才能成为好的管理者
132	就事论事不伤人,批评下属要到位
138	聪明的奖励,能让下属更卖力
142	表扬是把"双刃剑",用不好会产生反作用
147	团队里出现矛盾时,如何有分寸地调解

第六章 | 社交应酬中的分寸感:
说话有分寸,交往有底线

| 153 | 与人交往,话不要说尽 |

158　不在别人失意时多说自己的得意事
164　沟通时要留有余地
168　坚守底线，懂得巧妙地说"不"
173　凡事适可而止，热情过度会招来厌烦
178　面对不好回答的问题时，试试使用模糊性的语言
181　不可随意轻信人，也不要完全不信人

第七章 | 为人处世中的分寸感：
　　　　 不钻牛角尖，做事懂取舍

189　遇事不钻牛角尖，固执己见要不得
194　有所为有所不为，取舍之间有分寸
198　你可以生气，但不要越想越生气
201　该让步时别坚持，该坚持时别让步
206　善良也要有锋芒
210　做好分内事，谨慎去管分外事
214　生活要有追求，但不要过于追求完美

第一章

不懂分寸感，人生处处是遗憾：

为什么分寸感如此重要

笔者1996年开始参加工作,后来从2000年到现在一直都是从事企业战略服务的策划顾问工作,笔者有时候经常思考:

在人生的舞台上,分寸感是一门不可或缺的艺术。它就像一把精准的尺子,帮助我们在日常交往中量出适当的距离和界限。如果你不懂得做人与做事的分寸感,很有可能会因此影响你与身边人的关系,不仅容易让你处处碰壁,还有可能严重阻碍你的成长与成功。

人和人之间,一定要有分寸感

你有没有想过,地球与太阳之间的距离,恰到好处地体现了大自然的奥妙。如果地球离太阳更近,我们将因为极端的炙热而无法存活;相反,如果地球离太阳更远,寒冷将会吞噬一切生命。

正是这一特定的距离,使地球成为一个充满生命的星球。这揭示了大自然中的一条客观规律:事物之间需要保持适当的距

离，以维持平衡与和谐。

其实，人与人之间的距离也是如此。适当的距离可以让人际关系保持健康和谐的状态。太近可能导致关系过于紧张和依赖，太远则可能引起疏离和冷漠。在我们的日常生活中，保持适当的社交距离有助于彼此间相互尊重和理解。这种距离感不仅适用于朋友、同事之间的关系，也适用于家庭成员之间的互动。通过掌握这种平衡，我们能够更好地与他人建立和维护健康的社交和情感联系，从而使我们的人际网络变得更加多样和稳固，这就是把握分寸感的重要性。

说到分寸感，心理学上有一个很有趣的效应，叫作刺猬效应。在冬季，两只刺猬为了抵御严寒，试图靠近彼此来取暖。然而，每当它们靠得太近时，身上的刺就会刺到彼此。于是，它们开始探索适当的距离——足够近以分享彼此的体温，同时又足够远以避免相互伤害。这个故事说明了在亲密与独立之间保持平衡的重要性，表明在人际关系中保持适当的分寸感，既能享受彼此的陪伴，又能保持个人的舒适与自由。

然而，在现实生活中，很多人都没有充分意识到分寸感的重要性。他们或者过分追求亲密无间，导致互相侵犯个人空间；或者过于疏远，失去了珍贵的人际联结。

比如，你可能觉得你每天和同事之间关系融洽，好似家人一样无话不谈。但事实上，你可能由此产生了错误的认知——忽视了同事之间的分寸感，从而导致了尴尬情况的发生。

笔者经历的真实企业案例故事：

一次，在公司年终聚会的热闹氛围中，张伟拿着一瓶啤酒走到了同事李华的身边。李华正在和其他同事愉快地交谈，眉目间透露着轻松愉快。

张伟和李华一起工作了很多年，两个人平时关系很好，偶尔还互相开点玩笑。所以张伟想都没想，轻拍李华的肩膀，微笑着问道:"李华,听说你最近涨薪了,是真的吗?"他的声音略带兴奋,似乎对这个话题充满好奇。

李华被这突如其来的问题弄得有些手足无措,他瞪大眼睛,尴尬地笑了笑,试图岔开话题:"哦,这个嘛,公司里大家都在努力工作嘛!"随后,他微微低下头,避开张伟的视线。

但张伟并没有察觉到李华的不适,继续追问:"那你现在月薪多少呢?"他的眼神中闪现出一丝探究的光芒。

李华的面色开始变得僵硬,嘴角的笑容逐渐凝固。他回答得更加含糊:"哦,还行吧,就那样。"

不知足的张伟又提了另一个私人问题:"对了,听说你最近结婚了?妻子是做什么的?"

这时,李华的表情明显流露出不悦。他紧了紧嘴唇,眉头微微皱起:"张伟,这些问题有点儿私人了,我不太想在这里谈论这个。"他的声音低沉,带着明显的抗拒,现场氛围陷入了尴尬之中。

张伟突然意识到自己可能问得太多了,他讪讪地笑了笑,急忙试图缓和气氛:"哦,不好意思,可能我有点儿过分好奇了。"

尽管张伟试图弥补,但李华的心情已经受到影响。他礼貌地点点头,然后找了个借口离开了。张伟站在那里,看着李华离去的背影,意识到自己的好奇心可能伤害了同事。聚会的喧嚣声渐渐远去,张伟沉浸在懊悔中,暗自决定以后在交流中更加注意分寸。

你看，如果没有分寸感，不懂得尊重别人的隐私，会带来多么令人尴尬的后果。很多时候，我们可能是出于好意而关心别人，也可能是随便找个话题拉近距离，但如果说话时不注意尺度，结果就是这样令人遗憾。

所以，找到分寸感是一门艺术——这要求我们既要理解与他人的互动带给我们的价值，也要尊重彼此的界限。有效的沟通、共情能力以及对个人边界的认识，都是构建健康人际关系的关键。在我们的生活中，无论是亲情、友情还是爱情，寻找和维护这样一个理想的距离，都是我们达成和谐共处的重要一步。

没有分寸的玩笑，很可能伤人又害己

玩笑，像是生活中的调色盘，给日常生活增添了许多色彩。它既是一种解压的方式，也是人与人之间关系的润滑剂。

恰当的玩笑能给生活带来活力和色彩，像是给沉闷的生活注入了一股清新的空气。如果玩笑恰到好处，能让周围的人嘴角上扬、心情愉悦；但如果玩笑开得过了头，轻则造成尴尬局面，重则伤害他人，反而失去了本应带来的欢乐。

玩笑的本质并非恶意，大多数人开玩笑只是想传递欢乐。在轻松的氛围中，幽默能够成为连接人心的桥梁。然而，幽默的艺术在于分寸感，它要求我们不仅要了解何时开玩笑，更重要的是要知道玩笑的尺度和何时应该停止。有时，一个无心的玩笑可能会触及他人的敏感神经，造成不必要的误解或伤害。

小王一直自认为是开玩笑的高手，总认为自己的幽默感能给人带来欢乐。那天，办公室里一位平时话不多的女同事穿着一身崭新的漂亮衣服出现，成为大家的焦点。小王觉得这是个接近她、增进关系的好机会。

他走到女同事的桌边，咧嘴一笑，语气带着明显的调侃："哇，今天这么漂亮，我还以为电视台的明星来我们公司了呢！是不是有什么好事，是要结婚了？"他以为这样幽默的开场白能引起一阵轻松的笑声。

周围的同事听到这话，有的微笑，有的摇头。毕竟大家都知道小王爱开玩笑，所以没太当回事。女同事的脸色却一下子变了，原本平静的眼神中闪过一丝怒火。

她突然站起来，声音中充满愤怒："你这是什么话？难道我看起来像离了婚，或者我老公不在了吗？！"她的语气越发激动，斥责声在安静的办公室里回荡。

小王愣住了，他从未想过自己的玩笑会引起如此大的反应。他的脸色由惊讶转为困惑，嘴角的笑容渐渐凝固。"我……我只是开个玩笑而已……"他小声嘀咕，但显然无法平息女同事的怒气。

第一章 不懂分寸感,人生处处是遗憾:为什么分寸感如此重要

　　整个办公室陷入了尴尬的沉默。小王站在那里,不知所措,心里充满了困惑和自我怀疑。他开始意识到,或许自己的"幽默"并不像他想象的那样受欢迎,他的玩笑似乎开得有点大了。

　　小王的玩笑之所以失败,首先在于他未能充分考虑到女同事的感受。由于这位女同事平常较为内向且话不多,小王的玩笑直

接涉及她的私生活，显得过于冒犯，尤其在她可能特别注重个人隐私的情况下。这种在未建立深层信任关系的情况下的幽默尝试，很容易被误解为不尊重。

其次，小王忽略了社交场合和文化因素的影响。在公共场合，特别是职场这种专业环境中，人们通常期望的是被尊重和专业上的肯定，而不是可能导致不适的玩笑。特别是涉及个人婚姻等私生活的话题，开这方面的玩笑在许多文化中被认为是不合适的，很容易引起误解和冲突。

最后，小王的挫败也在于他对于玩笑内容和幽默感的误判。他错误地假设了所有人都会以积极的方式回应他的幽默，而没有认识到幽默是主观的，不同的人可能对同一玩笑有不同的反应。这种误解导致他的玩笑被视为对女同事私生活的侵犯，从而引发了不必要的麻烦，这让他在办公室的人际关系中蒙上了一层阴影。其实，小王只要省略掉涉及隐私的后半句话，分寸感就得当了。

现实生活中，很多人在开玩笑时都忽视了分寸感的问题，导致一些不合时宜的玩笑成为伤人害己的"利器"。我们还经常看到一些青少年，他们思维活跃，很喜欢在大人面前表现自己，所以也常常会说一些没分寸的话，开一些让人感到不适的玩笑。

一次，12岁的小明和亲戚聚餐。小明一向调皮，经常开各种玩笑逗大家笑。这天,他的姑姑穿了一件新衣服,并且言语中表现出自认为这件衣服很时尚,但小明觉得姑姑的衣服样式有些过时。

饭桌上,小明忽然大声对姑姑说:"姑姑,你这衣服是从时光机器里穿回来的吗?感觉像80年代的风格呢!"周围的大人听了都笑了起来。姑姑的脸色却变得尴尬,微笑中带着不自在。

小明察觉到了姑姑的不悦，但他以为姑姑只是害羞了。于是，他继续开玩笑："姑姑，你下次可以考虑当个复古明星哟！"这次，大家的笑声中带着一些尴尬。姑姑更加不高兴了，她的脸色变得更加尴尬，甚至有些生气。

小明的父亲看到这一幕，轻轻地拍了拍小明的肩膀，对他说："小明，玩笑要适可而止，尤其是在衣着这样的私人选择上，我们要尊重他人。"小明这才意识到自己可能伤害了姑姑，他的脸上露出了歉意的表情，小声向姑姑道了歉。

这个小例子说明，即使是无恶意的玩笑，也可能因为缺乏对他人感受的考虑而变得不合适。特别是涉及个人的外表或穿着，更应该小心谨慎，以免造成他人的不适。孩子的话虽然可以被理解为童言无忌，但事实上，很多人都会觉得孩子说话没有分寸是家庭教育的失败。

总之，玩笑应该基于对他人情感的尊重和理解，切忌一味追求笑点而忽视了他人的感受。在这个过程中，我们不仅能学会如何用幽默去温暖他人，也能学会在轻松愉快中保持对他人的尊重和分寸。正确的玩笑方式能够使人际交往更加和谐顺畅，而过度或不当的玩笑则可能导致反效果，使关系变得紧张甚至破裂。

做人做事有尺度，千万不要太过

人们常说，做人做事要想做好真的很难，这种难主要体现在把握一个"度"上。这里的"度"意指适度，即恰当的限度，它既是一个程度，也是一个界限。在人际交往和日常行为中，最棘手的便是掌握这个"度"。常有人评价别人"不知分寸"，即指其行为超越了恰当的限度。

比如在日常生活中，有些人试图充分利用与某人的人际关系，通过一次商业合作来赚取巨额利润。这种行为看似聪明，能立即带来回报，但实际上这可能超越了界限，使人际关系过于功利，会断绝自己未来的发展机会。

人与人之间的相处也需要一定的界限，有时需要宽容对方，这有助于和谐相处；有时可能需要稍微牺牲一些直率，以便温和地相处。在处理事情时，如果能适当地让步，自然会有更多的余地来调整；在办事时，如果能适当放宽标准，自然会发现其中的乐趣。

对于世界上许多事情而言，这些原则同样适用。我们最应避免的是"不懂分寸"，因为超出了应有的界限，过度行事，常常会留下遗憾。

李华在一家大型企业工作,因为他一直表现得很出色,所以职业发展得也很顺利。李华善于把握机会,经常利用业务场合来拓展他的人际网络。然而,他在一次公司年会上的表现,却让许多同事和上级对他的印象大打折扣。

在那次年会上,公司邀请了几位重要的外部合作伙伴。作为部门的代表,李华负责接待这些合作伙伴。不过,李华这次有点儿太过积极了。在宴会上,他过度热情地与合作伙伴互动,频繁插话,试图在每个对话中占据主导地位,甚至在不适当的时刻提出业务上的合作提案。

这种行为初看似乎是积极的职业态度的体现，但实际上，李华的这种行为让合作伙伴感到不舒服——他们觉得自己的个人空间被侵犯，与李华的对话更像是被迫参与的商业推销，而非友好的社交互动。此外，李华的同事们也感觉到尴尬，因为他们发现李华的行为不仅缺乏职业分寸感，而且影响了整个部门的形象。

事后，上级在给李华的反馈中指出，虽然公司鼓励员工积极展现自身能力，但更重要的是要在恰当的时机展示适度的热情。李华的行为虽然出于好意，但因为缺乏对尺度的把握，结果反而产生了负面影响。

李华的经历表明，无论是出于强烈的积极性，还是急切的表现欲，都应该让自己的行为举止在适度的范围内。如果脱离了这个范围，可能就会给别人带来不舒服的感觉，自然也会对人际关系造成伤害。

适度，不仅是人际沟通中的相处哲学，也是我们做事的准则。如果在做事时忽视了分寸，做得太过，反而会出现和我们预期相反的结果。

这就有点像是炒菜，火候太小，菜肯定炒不熟，但如果火候太大呢？那就有可能炒煳了！所以说，把握好分寸，你才能成为一个合格的"大厨"。

"有分寸"的人,走到哪儿都受欢迎

在今天这个快速发展的社会中,成功不仅取决于我们自己的决心和努力,很多时候也取决于我们与人交往的方式。如果你拥有更多的合作伙伴、更顺畅的人际关系,你是不是比别人更容易得到支持,收获更多的机会呢?

俗话说"金无足赤,人无完人",但你会发现,有些人似乎总能在适当的时间做出适当的举动、说出适宜的话,这就是我们常说的"有分寸"。而这样的人,不仅能赢得他人的尊重和喜爱,还常常能事半功倍,轻松达到目标,最终实现人生的成功。

陈伟是一个懂得掌握分寸的人,别看他今年才30岁出头,就已经是一家大型电子元件制造厂的销售主管。他成功的秘诀就在于懂得分寸,能够在不同的场合采用合适的沟通方式,不仅能解决问题,而且能让每个人都对他生出莫名的好感。

比如,在一次关键的业务谈判中,陈伟代表公司与一位合作伙伴洽谈合作项目。在谈判过程中,对方提出了一些非常苛刻的条件。在这种情况下,许多人可能会选择激烈反驳或是迅速妥协,陈伟却不同。

他首先仔细听取了对方的所有要求，然后逐一分析，给出了自己的见解和建议，而且态度从容不迫，语气平和。在表达自己的观点时，他总能找到合适的时机，用对方能接受的方式提出。最终，这种既坚持原则又灵活应对的策略帮助双方达成了一个双赢的解决方案。

在社交场合中，陈伟同样游刃有余。在一次公司的年终聚会上，他巧妙地在不同的群体间穿梭，高层管理者也好，普通同事也罢，都能聊得来。他知道何时该说话，何时更应该倾听。即使在气氛热烈时,他也总能不让自己的言谈超过界限。这种恰到好处的交流方式,让他建立了良好的人际网络。

还有一次,部门内部因为项目分配问题出现了分歧。一些同事情绪激动,争论变得尖锐。陈伟选择了一个合适的时机介入,他并没有直接表达自己的立场,而是先尝试理解每个人的想法和需求。然后,他用非常平和的方式提出了一个折中方案,既考虑了项目的效率,也照顾到了团队成员的感受。他的这种方法有效地缓和了紧张的气氛,帮助团队找到了共识。

你看,陈伟之所以能在工作和生活中取得成功,很大程度上是因为他懂得如何在各种情况下恰到好处地把握做事的分寸。

在这里,你需要明确的是,无论是在职场上还是在生活中,恰当的行为和言谈可以让我们赢得更多的尊重和机会。通过分析陈伟的例子,我们可以清晰地意识到:在追求目标的过程中,把握分寸不仅是一种智慧,也是通向成功的重要途径。

如果你不太理解,让我们再举个例子。回想一下,你参加过的各种聚会中,一定有一些不受欢迎的人。他们中的一些人是不是有的太过高调,抢了所有人的注意力?或是他们中有的人在沟通中不太注意尺度,一张口就让人感到尴尬?

想想这样的人,你一定不愿意再和他们交往吧?或是干脆把他们从你的朋友圈中拉黑,对不对?如果他们向你寻求帮助,你是不是会非常犹豫，或是直接拒绝？如果你有一个非常棒的职业机会或赚钱机会，是不是压根儿不会想把这些好消息告诉他们？

这些人就是没有分寸感的人，他们很容易到处碰壁，所以成功概率会大幅降低。如果你是这样的人，那么你的人生恐怕处处是遗憾，不仅人际关系容易出问题，而且工作中也会遇到很多阻力。

所以，你一定要注意，掌握分寸感是一种非常重要的社交技能。它涉及如何在自我表达和考虑他人之间找到一个平衡点。但遗憾的是，学校课程几乎没有系统地讲过这一点，很多人进入社会很多年之后也还不懂得它的重要性。

当然，把握分寸感的能力不是与生俱来的，而是通过不断观察、学习和实践，逐渐磨炼出来的。因此，我们每个人都应该意识到分寸感的重要性，并努力在日常生活中加以培养，这将成为通往成功的重要一步。

牢记这一点，就能把握分寸感

可能你会想，分寸感如此重要，那么如何才能在人际交往中找准分寸呢？的确，分寸感如果把握不准，找不到那个平衡点，有可能给你的人际关系带来麻烦。

对于成熟的人来说，由于有了丰富的人生阅历，对于分寸感的把握通常是游刃有余的，他们知道在不同的社交圈层中语言和行为都有不同的界限。但对于年龄较小、涉世较浅的人来说，要把握好分寸感通常较为困难。

如果你是这样的年轻人，别着急，你只需要记住一点，就能够帮助你加强对分寸感的把握，也会让你在人际关系中少走弯路、少犯错。这一点就是懂得考虑别人的感受。

有时，别人随口一句话就能让我们心情低落一整天，这就是所谓"说者无心，听者有意"。因此，在说话之前考虑一下对方的感受至关重要，这样可以避免因为说话时没有分寸而伤害到他人，从而让交流更顺畅。

举个例子，如果有人不小心弄坏了新买的钢笔，而你轻描淡写地说"旧的不去，新的不来"，这样的话可能会让人更加沮丧。但如果换种方式说"别着急，我来帮你看看，或许能修好，先用我的笔吧"，那么对方会感受到你的关心和善意。

再比如，有人骄傲地展示他的新手表，而你却说"这表样子不好看，走时也不准"，这无疑会打击对方。要知道，当人们购买某样东西时，除了获得物品本身外，还渴望得到心理上的满足感。当他们的选择被批评时，不仅会感到失落，也会让他们感到物品的价值被贬低了。

同样，父母在与孩子交流时也常犯这样的错误，忘记了孩子也有自尊。比如，有个妈妈带孩子去学画画，没等孩子动笔，就当着孩子的面对老师说孩子画画没有天分，还把孩子的缺点一一列出。老师听后一皱眉头，担心这样的话会伤害孩子的心。于是，当老师看到孩子的作品后，发现孩子的画画水平还是不错的，便鼓励他继续创作。孩子听后非常开心，画起画来更有动力了，而且也越画越好了。

从这些例子中我们可以看出，说话之前考虑对方的感受是非常重要的一件事。站在他人的角度想问题，理解和尊重他人的感受，可以让交流更加愉快。如果能洞察对方的情绪和反应，我们就能掌握交流的主动权，从而使沟通更有效。

奥普拉·温弗瑞是美国一位著名的脱口秀节目主持人，她以卓越的采访技巧和深刻的同理心闻名于世。她在采访名人时总能展现出对对方感受的深刻理解和尊重，这是她成功的真正秘诀。举个具体的例子，在她与著名演员汤姆·克鲁斯的一次采访中，奥普拉就体现了这些特质。

汤姆·克鲁斯在娱乐圈的个人生活常常成为媒体关注的焦点，特别是他的感情生活——他曾经有几段高调的感情关系，包括与几位知名女演员的婚姻，例如妮可·基德曼和凯蒂·赫尔姆斯。

而在这次采访中，奥普拉小心翼翼地提及这个话题，她并没有直接刺探或质疑他的私生活，而是以一种更加柔和和体贴的方式提出问题。她的语气温柔，提问时充满了同情和理解，使汤姆感到舒适和被尊重。

在采访的过程中，奥普拉特别注意汤姆的反应和情绪，随时准备调整话题以避免让他感到不适。这种对对方情绪的敏感和尊重，使得整个采访流畅而深入，汤姆也因此愿意分享更多个人感受。

这次采访中，奥普拉展现了她如何以细腻的观察力和敏感度，以及对个人隐私的尊重，来进行深度而具有洞察力的对话。这不仅体现了她作为一个杰出主持人的谈话技巧，也展示了她在沟通中考虑别人感受的素养。奥普拉的这种方式不仅能使被采访者感到舒适，还能帮助观众对被采访者有更真实、更深入的了解。

奥普拉的经历足以证明，当我们真正懂得了尊重别人的感受、尊重别人的隐私，能够站在对方的角度去思考时，我们就能在人际沟通中很好地把握分寸，构建和谐融洽的对话氛围，并得到对方的尊重与理解。

当然，对于不同的社交场合，比如和陌生人第一次见面聊天、在职场上面对同事、和领导相处、进行商业应酬等，甚至包括家庭内的人际沟通，都有不同的尺度和原则。接下来，就让我们根据实际的社交需求，来掌握沟通中的分寸感。

第二章

人际沟通中的分寸感：
表达有尺度，举止有界限

人际沟通是我们每天都要做的一件事,也是关系我们个人成长和成功最重要的事情之一。在人际沟通中,把握恰当的分寸感至关重要。无论是言语表达还是行为举止,我们都需有明确的尺度与界限。

把话说得太满,自己容易下不来台

在生活中,你有没有注意到,一些人很喜欢把自己的话说得特别满。他们总认为自己的意见无懈可击、不可反驳,因此常常草率地下结论,没有留下任何余地。

然而,就像我们在杯中留些空间以防水溢出,或在气球中留出一些空间避免轻微压力导致爆炸一样,人在沟通时也应留有余地,防止突如其来的"意外",避免自己陷入尴尬境地。

一家公司启动了一个新的开发项目,这项任务被老板交给了下属张明。老板询问张明:"项目进行中会有什么问题吗?"

张明信心满满地回答:"绝对没有问题,您就放心吧!"

然而,三天过去了,项目毫无进展。老板关切地询问项目的具体情况,张明这才坦白:"事情比我预想的复杂多了!"

尽管老板还是同意让他继续努力，但对张明之前过于自信的态度感到不悦。

张明在接到任务时过于自信，立即做出了"绝对没有问题"的承诺。这种过度自信可能是因为想要在老板面前表现出能力和信心。但他并没有充分评估项目的实际难度和复杂性，结果在许下承诺后没有实现预期的进度，导致自己的信誉受损。

像张明这样，在没有充分思考项目的可行性和所面临的困难的情况下，直接做出肯定的承诺，其实也是一种缺乏分寸感的表现。

无论在哪种场合，表现出自己的自信心固然很好，但是在面对别人的问询或委托事项时，有分寸的人会先进行充分的衡量，即使很有把握也不会把话说得那么绝对。在这一点上，比尔·盖茨的做法值得我们学习。

在20世纪70年代末，计算机产业还处于起步阶段，微软由比尔·盖茨和保罗·艾伦共同创办，仍是一个小型的软件开发公司。当时，IBM是计算机产业的巨头，正在寻求进军即将爆发的个人计算机市场。

1980年，IBM的代表联系了比尔·盖茨，他们希望微软能为IBM即将推出的IBM PC提供一个操作系统。这是一个巨大的机遇，但同时也是一个巨大的挑战，因为微软此时也没有现成的操作系统可以直接提供给 IBM。

IBM 的代表坐在会议室里，直截了当地向盖茨询问："我们需要一个稳定的操作系统，你们能为我们的新 PC 提供这样的产品吗？"此时气氛紧张，这个问题几乎决定了微软的未来。

盖茨心里清楚，微软没有现成的操作系统，但他没有直接拒绝 IBM 的要求，也没有草率地做出承诺。他沉思了片刻，然后回答说："我们目前没有现成的产品可以直接满足您的需求，但微软致力于软件解决方案，我们可以为您找到并提供一个适合 IBM 个人计算机的操作系统。"

盖茨既没有直接做出承诺，也没有直接放弃这个机会。随后，他和微软的团队迅速行动。他们接触到了位于西雅图的另一家小公司，该公司开发了一个基本的操作系统 86-DOS。微软迅速与该公司接洽，并成功地购买了这个操作系统的完全版权。

盖茨与他的团队成员进行了讨论："我们需要在这个基础上进行改进，确保它能完全满足 IBM 的要求。"团队成员们都意识到了这个项目的重要性，并投入紧张的开发和测试工作中。

几个月后，这个经过改进的操作系统被重新命名为 MS-DOS，并被正式交付给 IBM 使用，从此奠定了微软在操作系统市场的领先地位。

这个案例不仅展示了盖茨对机遇的敏锐洞察力和实际行动的能力，还体现了他在关键时刻能够谨慎权衡、做出合理安排的战略思维。通过这种方式，盖茨成功地将一个潜在的问题转变为微软历史上的一个重大胜利。

比尔·盖茨的这段经历给了我们一个重要的启示：在人际沟通中，把话说得太满不如把话说得真诚一些，这样不仅能让对方看到你的态度，而且也为自己留有余地。

总之，在生活中做事情太绝对，就不容易给自己和别人留下余地。如果把话说得太满，往往就让自己失去了"弹性空间"，一旦无法兑现自己的承诺，自己也就变成了一个缺乏诚信的人。

言多必失，控制好表达的频率

很多人都对沟通有一定的误解，比如有的人会觉得"能说"是一种优秀的能力，所以在生活中，你会看到有的人总在滔滔不绝地表达自己。

的确，善于表达的人往往更有自信心，也容易与别人形成良好的人际关系，并能够通过沟通获得一些机会。但善于表达不代表要抓住一切机会去表达。俗话说得好"言多必失"，如果我们不注意控制自己表达的频率，就容易在沟通中失了分寸。

在一家河南知名农牧大公司工作的王莉，就是一个典型的"话多"的女孩。王莉工作能力不错，也非常乐于助人，但她有一个不太好的习惯——喜欢不停地说话，甚至有点啰唆。

比如有一次，一个重要的部门会议上，王莉的团队需要向高层展示他们这个季度的项目成果。王莉作为项目主管负责汇报。她准备了详细的PPT，并对项目的每一个细节都进行了详尽的说明。然而，她在汇报中频繁偏离主题，花了大量时间讲述一些边缘的案例和个人经验，使得原本只需30分钟的汇报用了一个多小时。

在汇报过程中，王莉对自己感到非常满意，认为领导一定会认可她如此细致入微的讲解。但没想到，高层领导却对王莉的汇报表现出了有些不耐烦，因为她的话虽多，却没有突出重点，反而让人难以看到项目的核心价值和成果。

汇报结束后，高层领导对这次汇报的效率和质量表达了不满，并提醒王莉在未来的汇报中要精炼内容、突出重点。这次会议后，王莉忽然意识到了自己"话多"的问题，这件事也让她感到十分尴尬。

虽然表达能力是一种宝贵的技能，但我们应该明白，在什么时候说话以及说多少话比较合适也是同样重要的。过多的言语可能会掩盖核心信息，影响沟通效果，甚至可能对个人的职业发展造成不利影响。因此，合理控制自己的言语，确保沟通的质量和效率,才是懂得分寸感的体现。

在与人沟通的过程中,除了控制好自己说话的频率、避免啰唆外,有时候我们还应该懂得适时保持沉默。比如当别人正在激动地分享自己的感受时,或是在一些重要的、严肃的场合,或是在紧张或冲突的环境中,适时沉默比表达更合时宜。

说到保持沉默,有一个很有趣的寓言故事,看完之后或许能够提醒你注意到这一点。

从前,在一个遥远的乡村里,有一片风景如画的湖泊,这里住着一只聪明而谨慎的乌龟。数年来,乌龟在这个湖泊中安详地生活。直到某一年,极端的干旱降临,湖水渐渐蒸发,干涸的泥土裂开了无数的口子。

在这场灾难中,乌龟发现自己无法像往常一样到达远处的绿洲寻找食物。就在这时,一群大雁正准备离开这片干涸的土地,迁往遥远的南方。乌龟知道,如果留下,它将不可避免地饿死。于是,它向大雁们请求帮助,希望它们能将它带到一个新的栖息地。

大雁们商量了一番,决定让两只大雁叼着一根坚固的棍子,让乌龟用嘴紧紧咬住棍子的中间,带乌龟飞往南方。大雁告诫乌龟:"无论发生什么,千万别张嘴说话。"

随着大雁们振翅高飞,乌龟在空中看到了前所未见的世界。它们飞过了金色的麦田,穿过了蜿蜒的河流。当飞过一座繁忙的城镇时,地面上的人们注意到了空中的奇观,开始惊叹并指指点点。

乌龟听到人们的喧哗,内心涌起了一种从未有过的虚荣。它想要让人们知道自己有多勇敢,忍不住想大声回应地面上的人群,那种想要表达的冲动太强烈了。结果,就在张嘴的瞬间,它从棍子上滑了下去,不幸从高空坠落。

这个寓言故事告诉我们,"沉默是金",尤其是在我们处于危险或不稳定的境地时。我们的言行不仅反映了我们的内心世界,更有可能影响到我们自己的安全。聪明的适时沉默不仅是应对外界的智慧,更是自我保护的策略。

一般来说,生活中少说话不会带给你什么不好的结果,而让人陷入困境的往往是自己话太多。管不住自己舌头的人,不仅容易伤人,而且容易惹祸。有时候沉默也是很厉害的武器,可以用来对付别人,也可以用来保护自己。所以,适当控制自己表达的频率,是聪明人的一种做法。

在沟通中保持低调,很容易赢得尊重

人们常说"做人要低调",其实,与人沟通时也是这样。低调并不意味着低声下气或阿谀奉承，而是在言谈中表现出一种谦逊和尊重。掌握这种沟通的艺术，意味着以一种更加平和和接纳的方式进行交流，这样不仅能赢得他人的好感，还能增进相互间的理解和尊重。

在日常对话中，低调可以表现为简洁明了地表达自己的观点，避免过度夸大或自吹自擂。同时，在听取他人意见时表现出真正的兴趣和关切，不打断对方，给予充分的时间和空间让他人表达。这种交流方式不仅展示了你的谦逊，也体现了你对说话者的尊重。

假设你是一位公司的高级管理人员，位高权重，你在公司内部会用怎样的姿态和下属说话呢？你是否会摆出一副高高在上的姿态呢？

如果你是一个懂得低调行事的管理者，在团队会议中，即使你对某个问题有不同的看法或解决方案，也可以采用一种询问和建议相结合的方式提出，比如："我有一个想法，不知道大家怎么看。"这样的表达方式既不显得过于强势，也为他人提供了发表意见的空间，有助于营造更加和谐的团队氛围。

由此可见，保持低调是人际沟通中一个重要的策略，特别是当你比对方的地位更高时，更应该懂得低调和谦逊，这会让你赢得尊重。

在国外,有一位非常受敬仰的总统,他在成功连任之后,邀请了多位不同背景的孩子进行"会谈",以庆祝这个特别的日子。在与孩子们的交流中,总统不仅分享了自己的童年故事,还聆听了孩子们的生活经历和担忧。

一位活泼好奇的小男孩问总统:"您小时候哪一门功课最糟糕,是不是也挨老师的批评?"总统笑着回答:"当然,我在品德课上表现得不太好,因为我总爱讲话,常常打扰别人,老师经常批评我。"这个回答引来了孩子们的阵阵笑声,现场气氛变得更加活跃。

随后,一个来自贫民区的小女孩表达了自己的担忧:"我每天上学都很害怕，因为怕路上遇到坏人。"听到这里，总统的表情变得严肃："我了解你们现在面临的困境，我们的社会还存在很多问题，像一些暴力和犯罪。我希望你们好好学习，长大后可以帮助我们改变这一切。"

总统的话语深深触动了在场的每一个孩子，他们感受到总统并不是一位严厉的、高高在上的领导者，而是一个能理解他们问题、愿意听取他们声音的"大朋友"。总统还鼓励孩子们："你们不要被困难吓倒，要相信自己能够成为改变世界的一分子。"

从这个故事中，我们能够看到这位总统在和孩子们的谈话中完全放低了自己的姿态，一点儿架子都没有，能和孩子们平等友善地交流，并因此赢得了孩子们的尊重和喜爱。放低姿态，不仅拉近了双方之间的距离，而且更容易让对方从心理上接受自己。

其实，历史上很多成功者都比我们想象的要低调。一方面，他们懂得人际沟通的分寸感，不希望因为自己的高调而破坏公平顺畅的谈话；另一方面，他们本身也很有涵养，不会因为自己的地位而轻视任何人。

爱因斯坦就是这样的人。作为20世纪最伟大的科学家之一，他不仅因对物理学的贡献而闻名，在科学交流中，他也表现出待人的谦逊和尊重。

爱因斯坦曾在加州理工学院访问期间，与一群年轻的物理学学者和数学学者进行了一次非正式的聚会。在这次聚会中，一位名叫弗兰克·奥本海默的年轻物理学者对爱因斯坦的相对论提出了疑问。他认为爱因斯坦的理论在某些方面缺乏数学严谨性。

面对这位年轻学者的挑战，爱因斯坦并没有表现出任何的不悦或自大。相反，他认真地倾听了奥本海默的观点，甚至鼓励他展开更深入的讨论。爱因斯坦问道："你能详细解释一下你的看法吗？我非常欣赏你的洞察力，也许我们可以一起探讨这个问题。"

奥本海默很快就被爱因斯坦的谦逊和开放态度所打动，详细地描述了自己的理论。在接下来的几个小时里，两人进行了深入的学术对话，探讨了相对论的各种可能性和局限性。爱因斯坦不仅提供了自己的见解，也不断鼓励奥本海默提出新的想法。

这次会议结束后，奥本海默深受感动。他对同事们说："与爱因斯坦教授的交流是一种无与伦比的经历。他完全没有把自己放在一个顶尖科学家的位置上，而是像一个普通探求者一样与我们交流。他的态度让我觉得自己的意见被高度重视。"

你可以看到，即使是爱因斯坦这样伟大的科学家，在沟通中也保持着低调和谦逊。他始终保持开放的心态，尊重不同的观点，这不仅增进了科学界的交流，也使他成为其他科学家心目中的榜样。通过这种方式，爱因斯坦不仅推动了科学的进步，也赢得了无数同行和学生的敬仰与爱戴。

心直口快易伤人

无论对于谁来说，诚实都是一个值得推崇的品质，也是做人的基本品德。在生活中或工作中，我们应该努力做到诚实守信，不让自己成为一个习惯撒谎的人。不过，话又说回来，真话就可以随便说吗？答案是未必。

想想看，当你的朋友试穿一条新裙子时，你觉得她穿起来不太合适，如果直接告诉她"你腿有点粗，穿这么短的裙子不好看"，很有可能会把她气得够呛。

诚实虽然是美德，但在实际交流中，多考虑对方的感受也是非常有必要的。所以有时候，真话也不能随便说。在评论别人的时候，选择更体贴的话语来表达，是维护好自己与他人关系的重要策略。

爱尔兰著名的剧作家萧伯纳曾经担任过文学杂志的编辑，在那段时间里，他邀请过一位小有名气的作家写一篇短篇小说。不久之后，他收到了这位作家的小说稿件。

一天午餐后，萧伯纳在编辑室的沙发上拿出这篇小说来阅读。但不幸的是，这篇小说充满了过度夸张的情节和庸俗的描写，萧伯纳读着读着竟然睡着了。

睡醒之后，萧伯纳把稿件放进信封，并附上一封冷淡的退稿信，上面写道："尊敬的作者，感谢您的来稿。但遗憾的是，我们不欣赏您的作品。希望您能理解并接受我们的决定。"

作家收到退稿信后，感到非常不满，决定找萧伯纳理论。他闯进编辑室，情绪激动地质问："萧伯纳先生，您这是在戏弄我吗？我太太读了我的小说后赞不绝口，连说写得好，怎么就您说不行呢？"

萧伯纳听后，大笑道："尊敬的先生，请别激动，您的话也许是对的，而且您也是一位知名的作家了。不过，我想问一句，如果在用餐时，您的盘子里放着一只鸡蛋，您品尝一口后，发现鸡蛋已经变质了，您有没有再去吃的必要？还是您打算礼赠朋友，叫他们硬吃下去呢？当然，我对之前的无礼深感抱歉，但请原谅我不能接受您的稿子。"

作家一听，先是一愣，随即放声大笑，赞叹萧伯纳真诚却又不失幽默的答复。通过此事，两人意外地成了朋友。

萧伯纳给作家的退稿信上，采用的是一种心直口快的说实话的方式，结果引起了作家的不满，导致他情绪激动找上门理论。

而随后，萧伯纳采用了相对婉转的表达，使用了幽默的比喻，一下子让作家的火气消除了，还让这位作家对萧伯纳产生了好感。

萧伯纳的这个故事，也给了我们关于人际沟通的一个启示：如果真话可能会对别人造成伤害，那么你应该在张口之前想一想是不是可以不说或不必全说。如果不得不说，也可以试着换个容易让对方接受的方式，比较婉转地表达出来，这样既不伤人，也能达到你想达到的沟通效果。

沟通是双向的，要给别人说话的机会

在人与人的交谈中，许多人总将自己放在主要位置，自始至终唱独角戏，喋喋不休地推销自己，滔滔不绝地诉说自己的故事。但这样做，很容易让本来属于两个人之间的沟通变成一个人的"表演"，从而失去了沟通的真正意义。

记得有位名人曾经形象地比喻道："漫无边际的喋喋不休，无疑是在打自己付费的长途电话。"这种喋喋不休不但不能表达自己的见解，反而令人生厌。

在一次网络聚会上，陈迪和几位大学时代的朋友一起通过视频通话相聚。这本应是一次欢乐的交流，每个人分享各自的近况和生活趣事，然而，情况却出乎意料地向着单向沟通发展。

一开始，陈迪只是简单地介绍了他最近的工作项目，但很快，他的讲述变得详尽且漫长，从项目的细节谈到了行业的趋势，再扯到了经济形势。陈迪的话语如洪水猛兽，几乎无人能插嘴，开始有人不耐烦地摇头，有人甚至开始玩手机。

"你说的这件事，真的是挺有意思的……"一位名叫耿爽的女孩试图插入一句，想要转变话题。但陈迪似乎并没有察觉到这一点，他继续着自己的演讲，从经济形势又扯到了他对未来技术的预测。

时间一分一秒地过去，原本应该是轮流分享的聚会变成了陈迪的个人演讲。另一位参加聚会的男生——王迅，开始显露出无奈的笑容。还有人直接打开了静音，开始做其他事情。

终于，当陈迪的话题转到了他对健康饮食的见解时，耿爽终于打断了他："陈迪，我很抱歉打断你，但我想我们大家都很想听听其他人最近怎么样，比如王迅，听说你最近搬家了，不是吗？你的新家在什么位置？"

陈迪这才恍然大悟，意识到自己已经占了大家很长时间。他有些尴尬地笑了笑，说："哦，对不起，我可能有点儿太兴奋了。嗯，对了，老王，你搬家的事情怎么样了？"

王迅这才有了机会讲述自己的新家和新工作，气氛逐渐好转。虽然陈迪后来尝试减少自己的发言，让更多朋友有机会分享，但聚会的气氛已经稍有些尴尬。

这次经历给陈迪上了一课：在交流中，倾听他人同样重要，只顾自说自话，不仅不能有效地传达自己的观点，反而可能让人生厌，失去了沟通的真正意义。而且，相信他也体会到了那位名人的比喻——滔滔不绝地说，确实就像在打一场自己付费的长途电话，不仅费时，还让人疲惫。

一个人拥有丰富的见解和见识当然是件好事，但是，拥有这些并不等于能和别人很好地交谈。如果因为只顾着自己表达而不给别人留下表达的空间，就显得缺乏分寸了。

其实，在正常的沟通过程中，即使是平时相对内向、不善言辞的人，也有表达自己思想、观点和看法的欲望。但如果你没有考虑到这一点，在沟通中不给对方表达的机会，则会使他们的表达欲望受挫，对他们的感情是一种伤害，对他们的自信是一种打击，对你们彼此之间的关系是一种破坏。

明白了这个道理之后，我们需要做的就是在沟通中保持倾听，多给对方一些表达的机会，这样不仅有利于良好人际关系的建立，而且你还可能从中得到更多有用的信息。

本杰明·富兰克林，不仅是美国的一位卓越的政治家、科学家、发明家和作家，同时也是一位杰出的沟通者。在他的多彩人生中，富兰克林曾经展示过许多次如何通过倾听和沟通来解决问题和建立关系。

在18世纪的费城,年轻的富兰克林刚刚开设了自己的印刷店。当时,他与当地其他印刷商之间的竞争非常激烈,这些印刷商大多是行会的成员,他们并不欢迎一个新人的加入,甚至试图通过限制供应和扩大影响力来排挤富兰克林。

面对这种情况，富兰克林并没有选择直接对抗，而是采取了一种更为智慧的策略。他开始参加行会的聚会，并在这些场合中展现出他的倾听技巧。在聚会上，富兰克林很少主动发言，而是更多地倾听其他印刷商谈论他们的担忧和面临的挑战。

通过倾听，富兰克林不仅学到了很多关于印刷业的技术和市场动态，而且还了解到其他印刷商的个人兴趣和需要。这使他能够找到与他们建立联系的点，渐渐地，他开始在对话中提出一些建议和解决方案，这些其实大多都是他从别人那里听到的信息。

有一次，一个资深印刷商抱怨说他无法找到可靠的纸张供应商。富兰克林利用自己的资源推荐了一个他知道的供应商，帮助对方解决了这个问题。这个行动赢得了该印刷商的信任和感激，也让其他行会成员看到了富兰克林的价值。

随着时间的推移，富兰克林的这种倾听和响应的策略显著改善了他与行会成员之间的关系。他们开始视他为一个合作伙伴而非威胁，最终接纳他为行会的一员。

这个故事体现了富兰克林优秀的倾听技巧，他通过富有同理心的沟通方式来解决冲突和建立专业关系。他的方法不仅在当时有效，在今天任何需要协调和合作的环境中同样适用。

争辩也要讲分寸，得理也要饶人

有些能言善辩的人，总喜欢在人群中占据上风。他们有时候会故意尖酸刻薄，喜欢讽刺和挖苦别人，并带有攻击的意味，似乎这样能够显示出他们伶牙俐齿、不好惹、有个性。有时候，别人随便说一句话，他们都可能从中挑刺，展开一场争辩，非要对方折服于自己的观点。

著名人际关系学大师卡耐基曾经说过："你可能赢了辩论，可是你却输了人缘。"你应该明白，任何讽刺挖苦都是带有攻击性的，即使是友善的嘲弄，有时也会让你失去友情。而且，讽刺挖苦阻挡了正常的开放式的交流，会使本来应该正常的沟通变成了荒谬的争吵。

比如在生活中，和别人发生一点儿不愉快很常见，有时候双方稍微忍让一下，也就大事化小，小事化了了。可如果其中一方带着攻击性，或是明显的讽刺挖苦，则有可能把小摩擦迅速升级为一场严厉的争吵。

在一个广州繁忙的早高峰时段，公共汽车上拥挤不堪。一个年轻的小伙子挤在人群中，不小心踩了一下旁边一位老大爷的脚。这位老大爷脾气有些暴躁，怒斥道："你这年轻人，怎么回事儿？专门找老人欺负，是不？"他语气中充满了责备和挑衅。

这个小伙子也意识到自己踩到了别人,本打算诚恳道歉,可是这位老大爷的指责让他的愧疚之情瞬间消散,怒火一下子就涌上心头,不过他还是试着控制自己的情绪,对老人说道:"我确实不小心踩到您了,我可以道歉。但我并没有故意欺负您。"

"哼，现在的年轻人一个个都不学好。"老大爷丝毫没有收敛，反而把话说得更难听了，"我看你那打扮，不是刚从监狱里出来就是要进去的。"

这番话彻底激怒了小伙子，他的脸色顿时变得难看，怒气冲冲地回应："您这是什么话？信不信我揍你！"老大爷也不甘示弱："你来呀，你来呀，你打我试试？"

一瞬间，整个车厢的气氛紧张起来，周围的乘客看到这种情况，纷纷出言劝解，避免事态进一步恶化。

最终，在众人的劝说下，小伙子和老大爷都逐渐冷静下来。可能老大爷也意识到自己说话过于偏激，而小伙子也认识到反唇相讥只会加剧矛盾，车厢内的气氛渐渐缓和，两人最终都没有再说什么。

你看，本来并不是一件多么严重的事情，但由于老大爷得理不饶人，说出带有攻击性的言语，导致事情朝着冲突的方向演变。如果没有其他乘客的劝说，两个人因为这点小事而扭打起来，后果可能变得非常严重。

在生活和工作中，我们免不了和身边的人产生一些误会或摩擦，也免不了因为这些和他人发生争辩，但有分寸感的人通常会努力做到以理服人，避免使用攻击性和讽刺的语言。这是因为他们的出发点是解决问题、消除矛盾，而不是为了争辩而争辩。

一旦有了矛盾，即使认为自己是在理的一方，也应避免过分数落和指责对方。这时候，一个有分寸且聪明的方式是使用调侃、幽默的言语，浇灭对方的怒气，达到缓和气氛的效果。

没有人不喜欢被称赞，但赞美也要适度

在人与人的沟通当中，赞美是一种非常实用的表达技巧。通过赞美表达对他人的欣赏和尊重，能够拉近人与人之间的距离。这种正向的交流能够使彼此互相理解，从而使双方的关系更加紧密与和谐。

赞美运用得当，不仅能够迅速拉近人与人之间的距离，而且还有助于我们说服对方，让对方按照自己的期望做出决定或付诸行动。其实，很多销售精英都深谙此道。

一间书店里，一个年轻的顾客正沉浸在一本叫《穷爸爸，富爸爸》的书中，完全没有注意到外界的喧嚣。

聪明的店员看到这个情景，走了过来轻声说道："这本书现在真是火得不得了。"她的声音带着一丝亲切和赞许。

年轻人抬头，眼中闪烁着认同的光芒："确实啊，这本书就

像是社会大学的教材。我觉得从生活中学到的东西有时候比课本上的还要多。"

店员点头表示赞同,她的眼睛闪烁着肯定:"完全同意。书中的富爸爸提倡的正是这种思想。从你的话里,我能感觉到你不

仅仅是浏览过这本书,而且真的深入研究过。"

年轻人笑了笑,有点儿自嘲地摇头:"哪里!我正在读大学,平时也就喜欢翻翻这些畅销书。"

店员赞赏地说:"我觉得很多年轻人都没有你这样超前的意识。你看这本书讲了很多新颖的关于理财的知识,都是学校里学不来的。你要是关注投资和理财,这本书真的很适合你。"

年轻人听后,脸上的笑容越发灿烂,他开始兴致勃勃地谈起自己的理想和计划,犹如一位梦想家在绘制未来的蓝图。

店员见此机会,巧妙地跟进:"这本书你一定得好好读一读。而且,我这里还有几套关于成功和理财的书籍,相信也会对你大有帮助。"

最终,年轻人高高兴兴地买下了店员推荐的书籍,还对未来充满了新的憧憬。他们的对话不仅增强了年轻人的信心,也展示出这位店员在赞美和说服方面的非凡技巧。

从沟通心理学上来讲,赞美能够增强个体的自我效能感,即增强对自己能力的信心。店员不仅赞赏了顾客的书籍选择,还进一步肯定了他的洞察力和对理财的超前意识。这种认可让顾客感觉到自己的选择和行为是正确的,增加了他对自己判断的信心,也使他更愿意接受店员的进一步推荐。

而且在上面这个案例中,我们还能注意到一点,店员在整个推销的过程中，对赞美的把握非常有分寸，既没有过于浮夸而显得虚假，也没有过于简单或平淡，不会让赞美失去效果。

如果赞美过于浮夸而显得虚假，可能会产生一系列负面效果，不仅可能削弱赞美本身的意图，还可能对彼此的关系和信任造成长期的伤害。

当赞美过于夸大或不真诚时，对方可能会怀疑说话人的动机和诚意，这种怀疑会削弱双方之间的信任基础。在商业或个人关系中，一旦信任受损，恢复起来通常很困难，并且可能影响未来的互动和合作。

另外，虚假或过度的赞美可能会引起接受者的不快或反感。如果一个人感觉到来自另一个人的赞美是虚假的，他可能会重新评估这段关系的真实性和价值。这可能会让他们原本的关系变得疏远，特别是在那些高度依赖诚信和真实交流的关系中。

同样是想使用赞美的技巧，下面这位销售人员的表现就些过度了，产生了与预期相反的结果。

李明是一位推销农牧产品的业务员，这一天，他去拜访一位潜在客户张浩。张浩是一家小型创业公司的老板。李明信心十足，准备一次就拿下这个客户。

一进办公室，李明就开始表达他的赞美："张先生，真令人敬佩，您这么年轻就已经是公司的老板了，在我们这儿这还真是少见呢。能问一下，您是多大年纪开始工作的吗？"

"17岁。"张浩淡淡地回答。

"17岁！天哪，那真是了不起。"李明惊叹道，"在这个年纪，大多数人还在依赖父母呢。那您是什么时候开始担任老板的呢？"

"两年前。"张浩简短地说。

李明继续夸赞："哇，只做了两年的老板就已经展现出这么大的气度，真是不简单。您这么早就开始工作，是有什么特别的原因吗？"

张浩沉默了一会儿，然后分享道："因为我家条件不好，为了支持妹妹上学，我就提前出来工作了。"

"您真是太伟大了，为了家庭如此努力。您的妹妹也一定很优秀吧？你们家真是了不起。"李明继续说。

对话就这样一问一答，李明接连不断地赞美着，话题从张浩的职业生涯延伸到了他的家人，甚至提到了远房亲戚。一开始，张浩还对这些赞美感到愉悦和满意，但随着时间的推移，他开始感到有些不自在。

最终，这场本应简洁明了的产品推销变成了一场冗长的家族史讨论。张浩本来对购买产品持开放态度，但由于李明的过度赞美，他逐渐感到疲惫和厌烦。当李明最终提出希望张浩签署产品采购合同时，张浩婉言拒绝了。

当赞美太过频繁时，这种技巧本身的价值也会下降，并且会让对方感受不到你的真诚，反而认为它只是一种商业上的恭维策略。可见，赞美的确需要掌握好火候，不能一味赞美，不然会适得其反，弄巧成拙。

当我们在对别人采用赞美的技巧时，重要的是保持真诚和适度。真诚的赞美更可能产生积极的影响，加深对方的信任感。在任何情境下，尽力确保赞美基于真实的观察和真挚的感受，这样才能保证它的正面效果得以实现。

需牢记一点：永远不在背后说别人坏话

在人际沟通中，你应该牢记的一点是，永远不要在背后说别人的坏话。即使你觉得这可能无关紧要，但事实可能并非如此，这里有一些重要的原因。

首先，说别人的坏话会直接破坏人们对你的信任。当别人得知你在他们背后说坏话时，他们可能会质疑你对他们的信任。信任一旦受损，是很难被修复的，而信任又是所有健康的人际关系得以建立和维系的基石。

在一个社交圈子里，小艾和玛丽是多年的好友。一天，小艾在与另一个朋友的私下交谈中，无意中提到了玛丽最近的行为让她感到不满。小艾抱怨说玛丽很自私，只顾自己的利益，而忽视了她们之间的友情。朋友听完后虽然表示同情，但内心感到有些矛盾。

后来，这个朋友把小艾背后对玛丽的评论告诉了别人，结果传到了玛丽的耳朵里。玛丽对小艾的言论感到震惊和伤心。尽管小艾只是一时情绪激动才说出了那些话，她并没有意识到这会对玛丽造成多大的伤害。

当玛丽找小艾谈话，要求小艾给她一个解释时，小艾试图解释自己当时只是随便说说，并不是真心那样讲。然而，玛丽对她的信任已经受到了严重的伤害，玛丽感到难以再像以前那样信任小艾，因为她不确定小艾是否还会在其他朋友面前说她的坏话。

除了破坏原有人际关系间的信任外，背后说别人坏话的做法本身并不高明，因为你并不能从说别人坏话中获得任何好处。而且，当你习惯于说别人的坏话时，别人也会开始质疑你的品格和动机。这样的行为会让人认为你不可靠或者爱搬弄是非，从而损害你在别人眼中的形象和声誉。

另外，在工作和社交环境中，背后说别人坏话会迅速扩散负面情绪，导致团队或群体内部的不和。这种行为可能激化冲突，破坏团队的凝聚力和工作效率。让我们通过下面的案例来理解这一点。

在一家中型软件开发公司工作的安娜，是个聪明且野心勃勃的项目经理。她总是渴望在职场上获得更快的晋升。不过，她有一个不太好的习惯——在同事背后说人坏话，尤其是针对她的直接竞争对手——赵然，一个同样有才华但性格内向的程序员。

一天下午,公司的休息室里聚集了几位员工,他们正在享受着咖啡时光。安娜故作轻松地加入了他们,不久,谈话的话题转向了即将空缺的项目领导职位。

"你们听说了吗?"安娜低声说,确保她的声音足够小,但又能让周围的人听见,"赵然在上个项目中犯了个大错误,但他把责任推到了实习生身上。真是不可思议,一个经验丰富的程序员竟然这么缺乏责任心。"

她话语中充满了假装的惊讶和失望,眼神里闪烁着狡黠的光芒。坐在旁边的同事们交换了忧心忡忡的眼神,显然被安娜的话影响了。

"哦,真的吗?我之前还以为他挺能干的。"一位同事犹豫地回应,声音中带着不确定。

安娜轻轻地点了点头,又补充了一句:"是啊!外表能说明什么呢?我们都知道,看上去很静的水其实最深。"她轻声的笑似乎在印证她的言论,而她那刻意表现出来的遗憾却掩饰不了眼中的得意。

几天后,这个小道消息像野火一样在办公室内传开。赵然开始感觉到周围同事的态度有些微妙的变化,他们不再像以前那样信任他的专业判断,有些人甚至开始回避与他共事。

但实际上,安娜的说辞并非真实情况。赵然从未将责任推卸给别人,反而总是在团队面临困难时挺身而出。这场误会最终被澄清。安娜的行为被揭穿后，她不仅失去了同事的信任，也影响了自己的职业前景。

正如安娜所经历的那样，背后说别人坏话，最后的结果是：不仅伤害了别人，也伤害了自己。这不仅是一种缺乏职业道德的表现，更是一种缺乏涵养的表现。

贬低别人，不一定能抬高你自己。当我们在背后谈论别人时，一定要注意分寸，尽可能避免在背后说别人的坏话、揭别人的短处。与之相反，如果在背后多说别人的好话，不仅能够显得你更加公正和无私，而且也会在一定程度上增加别人对你的信任和尊重。

第三章

与同事相处的分寸感：
无须心连心，但要手牵手

在职场上，与同事间保持恰当的分寸是维持和谐工作环境、促进团队合作和提升个人职业发展的关键。掌握这种分寸感，意味着你能够在适当的时间说适当的话，做出适当的行为，这不仅有助于你树立职业形象，还能帮你避免不必要的误解和冲突。

职场同事、私人朋友要分清

不知道你有没有听说过这样一句话："你是来工作的，不是来交朋友的。"的确，职场是一个竞争激烈的场所，是你实现自身价值、获取收入和成长的地方，而不是饭后闲谈、结交好友的后花园。同事之间，有合作，但也有竞争，同事既可能是你的帮手，也可能是你的对手。

职场不同于个人的社交场所，更不像是家庭内部。职场更多的是一个以专业性和效率为核心的环境。因此，理解和把握同事之间相处的分寸变得尤为重要。在这样一个环境下,如何平衡同事间的合作与竞争,维持良好的职业关系而非过分私人化,是每个职场人都需要学习的技能。

我知道很多年轻人都喜欢结交朋友,特别是当他们初入职场之后,一切都是那么新鲜有趣。他们可能会想,既然每天都要相处,为什么不把关系搞得更深入一些呢?如果同事都变成好友,那工作起来该有多愉快。

这种想法并不是完全没有道理,谁不希望和好朋友们在一起做事呢?但是,正如我们之前讲过的刺猬的故事,如果忽视了距离,和同事走得太近,很有可能并不是一件好事,反而会给你带来很多麻烦。

小王就吃了这种亏。一年前,小王刚刚入职了一家知名的养殖集团,非常兴奋能与许多才华横溢的同事一起工作。他很快融入了团队,每天和同事们一起工作,中午共进午餐,下班后还互相约着一起参加各种娱乐活动。在小王看来,这些同事不仅是工作中的伙伴,更是可以倾诉的好友。

随着时间的推移,小王开始更加开放地表达自己的想法和感受,特别是在抱怨公司管理层或者评价同事的能力和行为时。小王觉得,既然他们是朋友,就应该没有什么话不能说,这些话当然也包括了对公司内部某些问题的不满。

然而，小王很快发现，将职场同事完全等同于私人朋友是一个严重的误区。他的一番话被人传开，一些关于管理层和同事的不满评论被有意无意地传到了当事人耳中。这导致了一系列尴尬和冲突，一些同事开始回避他，甚至有些人在工作中给他制造难题，他的职场环境逐渐变得紧张起来。

面对这种局面，小王感到非常困惑和失望。他逐渐意识到，职场关系和纯粹的友情是两码事。从此以后，他开始注意和同事保持一定的距离，说话时也有所收敛，上班时也更加专注于手上的工作。渐渐地，小王感觉到他在公司里的生存环境有了好转，工作压力也小了许多。

正如小王所经历的那样，在职场上，每个人都有自己的职业目标和压力，过于随意的言论很可能被误解或利用，进而影响个人的职业发展。虽然建立友好的同事关系是重要的，但在职场中保持一定的专业性和与同事相处的界限才是必要的。

在职场中，同事关系的处理是一门艺术，涉及许多微妙的社交技巧和策略。请先记住这句话：同事既不是朋友，也不是敌人。同事之间应该避免深交，但需要相互沟通，这不仅是一种保护自己的策略，也是一种维护职场和谐的方法。

当你刚进入某个公司时，展现出友好和开放的态度至关重要。这意味着你需要积极参与团队活动，主动与同事交流，不仅可以谈论关于工作的话题，适当的时候也可以涉及一些轻松的、非工作相关的话题。这有助于初步建立起同事对你的信任，为日后的合作打下良好的基础。

一旦你在公司中站稳了脚跟，拥有了一定的地位和影响力，对待新人的态度应该体现出一种责任感和领导力。你应该主动向他们提供帮助和指导，分享你的经验，让他们更快地适应新环境。这不仅能够帮助新同事更好地融入团队，也能提升你自己在同事眼中的形象和价值。

另外，你还要懂得"表面功夫"的重要性。所谓表面功夫，指的是在职场上保持适度的礼貌，尊重每一位同事的职业地位。比如，即使你对一位同事的工作能力或工作态度不认同，也不能在公开场合质疑或批评。你应该尽量避免不必要的职场冲突，维持平和且专业的工作氛围。

与此同时，作为一位专业的职场人士，你还应该与同事保持适当的距离。过分亲密的关系可能导致职场关系复杂化，一方面会影响工作决策的客观性和公正性，另一方面还可能会造成误解与冲突。因此，聪明的职场人士与同事相处，会在保持友好的同时也懂得在适当的时候保持距离，避免使工作关系变得过于私人化。

总之，职场中的人际关系既需要你做到大方和友好，也需要你做到适度礼貌与客气。通过这种方式，你不仅能够建立起一个支持性的职业网络，还能确保自己在职场生涯中稳步前行。

用友善的语言赢得同事的好感

正如上一节所讲到的那样，同事之间的关系也要注意分寸，

你们无须走得太近，太近可能会带来不必要的麻烦。但同时，同事之间也不应该过于疏远，因为关系疏远了，你很难得到同事的支持，这会对你开展工作以及职位的晋升造成一定的阻碍。

那么，我们如何和同事之间保持一种既不过于亲密又不是十分疏远的关系呢？这里有个最基本的方法，那就是在和同事相处的过程中尽量保持一种友善的态度。

友善的沟通方式需要尊重、耐心和同理心，这些都是建立健康职场环境的基石。当同事之间用友善的态度进行交流时，可以减少误会和冲突，提高团队成员之间的信任感。例如，面对可能引起争议的话题或敏感的工作问题，友善的沟通能够确保双方都能够表达自己的看法，而不会感到受到威胁或被忽视。

松下幸之助是松下电器的创始人，也是名副其实的"经营之神"，他有一个突出的优点，就是善于采用友善的态度和别人交流，即使是面对自己的下属，他也没有高高在上的姿态，而是非常友善地与对方沟通。

在松下电器早期发展阶段，松下幸之助遇到了一项紧迫的新产品开发项目。这个项目是实现公司战略目标的关键，但项目进度严重滞后，原因是技术挑战比预期要复杂得多。团队士气开始下降，尤其是项目的主要工程师田中感到压力过大、近乎绝望。

在项目关键时刻，幸之助决定直接介入，他邀请田中进行了一次私下的交流。在会面开始时，幸之助首先表达了对田中及其团队工作的高度赞赏，并对他们在面对如此艰难挑战时所表现出的专业精神表示感激。

幸之助以平和而诚恳的语气开启对话："田中，我完全理解这个项目的难度，你和你的团队已经做得非常出色。现在让我们一起看看还有什么可以改进的地方，或许我们可以一起找到突破这些技术障碍的方法。"

田中被幸之助的态度感动，他感受到了对方的信任和支持，而不是责备。这激发了他更多的积极性和创造力，他详细地列出了目前的技术难题，并提出了几种可能的解决方案。

幸之助仔细听取田中的汇报，并提供了一些宝贵的指导和资源支持的建议。他们一起制订了一个更加实际和可行的行动计划，包括调整项目进度和增加必要的技术支持。

这次友善且有建设性的对话不仅解决了项目中的一些关键问题，还加强了田中对公司和幸之助的忠诚和信任。项目最终在调整后的计划下成功完成，给松下电器带来了重大的商业成功。

在这个案例中，松下幸之助友善的沟通方式不仅促进了问题的解决，还提高了团队的整体士气和合作精神。由此可见，友善的沟通是多么重要。

同样，如果你想在职场上赢得同事的好感，希望他们能够站在你这边，那么你也可以在和同事的相处与沟通中，多采用友善的态度。如何做到这一点呢？这里有四点建议：

1. 积极倾听

真正的倾听不仅仅是听别人说什么，更重要的是理解对方的意图和感受。在职场沟通中，展现出你对话题的关注和对同事讲话内容的理解，可以大大增强沟通的效果。

2. 适当的肢体语言

一个友好的微笑或适时的点头可以显著提高沟通的亲和力。这些非言语行为能够传递出积极接受和理解的信号，使你和同事之间的对话更加轻松和愉快。

3. 避免攻击性语言

在表达不同意见时，请避免使用指责或攻击性的语言。采用"我感觉"而非"你做错了"这样的表达方式，能够减少对话过程中的防御性反应，促进问题的解决。

4. 适当赞美

每个人都希望得到赞美，当然也包括你的同事或下属。如果你能偶尔给予他们一些真诚的赞美，或是给他们一些正面的反馈，那么你将收获的是他们对你的好感。当然，请记住我们之前的提醒，赞美不要过度，而要注意分寸。

名利不独享，功劳不独占

说起功劳和利益，相信没有人不想获得。但是在职场上，如果你表现出色，获得了上司的表彰或嘉奖，你是一个人独揽这些荣誉，还是愿意拿出来和团队同事适当分享呢？先别着急给出答案，看看下面这个有趣的故事。

在荷兰的一片广阔的郁金香农田中，有位名叫汉斯的花农，他通过多年的努力培育出了一种非常特别的郁金香——颜色斑斓，花朵巨大，香气沁人心脾。这种郁金香很快就吸引了众多花商的目光，他们纷纷慕名而来，希望大量购买这些美丽的花朵。汉斯因此赚了一笔钱，成了当地小有名气的"郁金香大师"。

其他花农看到汉斯的成功，纷纷希望能获取这种新品种的种子。但汉斯心存疑虑，他担心一旦其他人也种植这种郁金香，自己的独家优势便会丧失。于是，他决定不与任何人分享自己的宝贵种子。

第二年春天，汉斯带着满心的期待去查看自己的花田，希望再次大赚一笔。然而,当郁金香盛开的时候,他惊讶地发现,这些花朵竟然变成了普通的郁金香,与邻近农场的无异。汉斯十分困惑,赶紧请教了一位植物学家。

专家解释说,邻近农场郁金香旧品种的花粉通过蜜蜂和风的传播,被带到了汉斯的花田,汉斯的郁金香受影响,被杂交污染

而变成了旧品种。听闻此言，汉斯后悔不已，他意识到是自己的短视造成了这一切。

第二年，汉斯决定彻底改变策略。他将自己独创的郁金香种子免费分发给所有邻近的花农，并鼓励他们一起种植。结果，这些郁金香不仅保持了其独特的美丽，还因为广泛的种植而变得更加壮观和多样化。

随着时间的推移，这个小镇因其绚烂的郁金香花田而成为著名的旅游景点，吸引了来自世界各地的游客。汉斯也因为他的慷慨和前瞻性，再次被尊称为"郁金香大师"。

这个故事提醒人们，做生意的时候不要想着一个人把钱赚尽，同时这个故事也给了职场人士一个重要的启示：功劳和荣誉最好不要一个人独占，适当分享给你的同事才是聪明的做法，也是有分寸的表现。

比如在一个项目中，你的确非常努力、表现突出，为公司创造了不少收益，因此得到了点名表彰。2022年，我们作为珩创食品集团的策划顾问，亲身经历了广东珩创食品集团的创建、策划，到一年时间业绩飞速提升到一个多亿的过程。但珩创食品公开为我们颁发高级战略顾问荣誉称号的时候，笔者意识到，这些是大家团队一起的协作，而不是我们这一组外部专家的全部功劳。

是的，一个项目做得好的时候，你有没有想过，在公司这样一个组织内，你所获得的成就都是全凭你一己之力，没有项目团队成员乃至其他同事的参与就能实现的吗？

无论你从事的是何种职业，都应该记住自己是一个社会人，你的成功或多或少离不开其他人的帮助。不管别人出的力是大还是小，在有了利益和荣誉时都不要忘了分他人"一杯羹"。表面上看你好像得到的少了，但其实你获得的是人心，是人情，是无可比拟的财富。

懂得推功揽过，是职场上的大智慧

一位成功的管理学家指出：要在一个组织内做好，一定要做到三点，这三点就是——推功、揽过和成人之美！

推功，正如上一节所讲，当你因为工作表现出众而受到嘉奖和表彰时，要学会把这些功劳分享给你的同事。这样做不仅显得你为人谦逊，而且还能够减少同事的妒忌，避免自己在职场上吃亏。

那么，什么是揽过呢？所谓揽过，是一种勇于承担责任的做法。比如在工作中，一个团队在执行一项任务时出现了一些过失，或是做出了错误的决策，这个时候作为团队管理者或主要责任人，有必要站出来承担责任和接受批评。

在一家食品生产加工企业里,老马是制造部的主任,深受同事们的敬爱,因为他不仅能力出众,更有一颗关爱团队的心。有一次,由于供应链的问题导致原材料短缺,那个月的产量没能达到预定目标。这件事让厂长火冒三丈,在一次全体会议上,他宣布要削减整个制造部的奖金。

会议散后，老马没有找借口，也没把责任推给第三方，而是直接找到厂长，坦诚地说："这次的问题完全是我的责任，我的统筹工作出了漏洞。请不要扣除团队的奖金，只扣我的就好，包括我这个月的工资和接下来半年的奖金。"厂长听完之后，思考了一下，决定仅对老马进行处罚。

当这个消息传开后，制造部的员工无不心疼老马。为了不辜负他的付出，大家纷纷加班加点，力求提高生产效率和产品质量。结果不出所料，第二个月的产量不仅达标，还大幅超额完成。

见到产量超预期增长，厂长开心地当场宣布，将额外奖励制造部一笔奖金。老马在拿到奖金后，却将所有的奖金都分发给了员工，自己一分未留。他笑着对大家说："这些奖金是大家用汗水换来的，应该归你们所有。"

老马这种推功揽过的做法，不仅赢得了团队成员的尊敬和爱戴，也极大地激发了团队的士气和凝聚力。他用自己的实际行动展现了领导者的担当，并且为公司创造了显著的业绩，真正做到了以身作则，以心换心。

能够主动承担责任是一种有勇气的表现，更是一种领导力的重要体现。在职场中，能够勇于承担错误的领导，通常会获得团队成员更大的尊重和信任。老马的行为不仅展示了他的个人品质和领导才能，而且深刻影响了他的团队成员，形成了一个积极向上、团结协作的工作环境。

其实，主动揽过不仅仅是职场上的一种智慧，而且也是企业应该具有的一种品质。及时承担自己的错误是一种诚信的表现，也能够在别人面前树立一种值得信赖的形象。

安迪·格鲁夫是英特尔公司的前CEO，以其直接和透明的管理风格著称。在1994年，英特尔的Pentium处理器被发现存在计算缺陷。最初，公司低估了这个问题的严重性。当问题变得越来越显著时，格鲁夫决定亲自处理这一危机。

格鲁夫诚恳地公开承认了公司的错误，并提供了免费的芯片替换服务。他的这一决策最终帮助英特尔恢复了其在市场上的信誉，并且加强了客户的忠诚度。

像格鲁夫这样的领导者，如果能主动承担责任，不仅能及时化解危机，还能增强团队成员的信任和忠诚，从而引领企业走向更大的成功。

当然，推功揽过也是讲究分寸的，如果问题并不全是你造成的，你也无须盲目主动地去担责，否则很容易给别人留下虚伪的印象。

面对同事的纠纷，尽量保持中立

在职场环境下，出于性格不合或是工作意见不同等原因，同事之间难免会产生纠纷，这个时候，你应该怎样做呢？如果产生纷争的两方都想拉拢你，你是选择占理的一方，还是选择和你更亲近的一方呢？

其实对你来说，在面对同事纠纷的情况下，最有分寸的做法是保持中立，也就是说，你应该尽量避免成为其中任何一方的"支持者"，也不要去过分干预同事之间的矛盾。让我们看看下面这个案例中的女士是如何保持中立的。

2004年笔者创办广告公司时，公司里曾有这样一件事情。员工张俪曾面临一个棘手的局面。她的两位关系不错的同事辰东和李静，因为一个项目的创意方向上的分歧陷入了激烈的争执。辰东主张采取一种大胆创新的广告策略，而李静则坚持认为应该走稳妥传统的路线。两人的争论逐渐升级，工作氛围开始变得紧张。

由于辰东、李静与张俪的关系都不错，他们都试图拉拢张俪来支持自己。辰东在午餐时对张俪说："你也知道，我们需要制造一些新鲜元素，大胆一点才能吸引客户。"而李静则在办公室里私下向张俪诉说："我们不能冒这么大的风险，应该走我们熟悉的路线。"

面对这种局面,张俪感到非常为难。她明白站在任何一方都可能伤害到另一方,同时也可能扰乱团队的和谐。

在下一个团队会议上,当辰东和李静的争论再次开始时,会议室里充满了火药味儿。就在双方僵持不下的时候,公司的主管忽然扭头转向张俪:"张俪,你觉得哪种方案更好?我们的客户要求我们提供一个最好的方案给他们。"

这种情况真是让张俪感到措手不及。无论公开支持哪一方，都会得罪另一方，而且这两位同事所提出的方案都有各自的道理。

所幸张俪反应比较快，她站起来温和地说："我觉得辰东和李静的方案都很好，如果我是客户，恐怕也很难抉择。如果客户要求我们提供一个最好的，那么，我们是否可以找到一个折中的办法？比如，看看是否可以结合这两个方案的优点，制订一个令大家都能接受的方案。"

听完张俪的提议，主管点点头，并鼓励大家更加理性地讨论各自的观点。最终，团队决定采用一个结合了创新元素和传统策略的方案，既满足了辰东对创新的追求，也保留了李静对风险的考量。

在这个事件中，张俪帮助团队找到了一个双赢的解决方案，展示了在同事纷争中保持中立的重要性。这种处理方式不仅维护了自己的职场关系，也巩固了她在同事眼中公正和智慧的形象。

其实，不管张俪站在辰东这一边，还是李静这一头，她都有可能让另一方感到不满意。如果不满意的一方是一位心胸狭隘的人，以后可能会给张俪制造各种麻烦。

在错综复杂的职场关系中，保持中立是一种相对明智的自我保护策略，它能帮你避免陷入人际纠纷当中，同时，也能让你在职场上建立的人际关系不受到伤害。

当你保持中立时，同事们更有可能认为你的决策是基于事实和公司最佳利益做出的，而非出于个人偏好。这种公正性可以增强你的权威和领导力，使你成为团队中值得信赖的中心人物。

相反，如果在同事的纠纷中你明显地偏向某一方，则很有可能被贴上"偏心"或"不专业"的标签，这可能会对你的职业生涯产生长期的负面影响。保持中立有助于避免这种局面，你不会因为支持特定的团队或个人而被其他人排斥或忽视。

当然，保持中立不是被动或无所作为。这是一种积极主动的策略，它要求你深思熟虑，既要考虑个人的利益，也要考虑团队和公司的大局。通过这种方式，你可以树立起一种稳定而又可靠的职业形象，为未来的职业发展铺平道路。

不要恃才傲物，太过高调容易吃亏

如果你想在职场上走得远一些，才华是你超越竞争的必备条件。任何一家企业都希望有才华的人加入进来，为企业创造更多的价值。

不过，虽然才华十分重要，但如果我们不能恰当地展现，它也可能成为职业道路上的绊脚石，甚至导致事业受到影响。特别

是当你还未在职场中站稳脚跟就急于展示你的才华时，你会给别人一种恃才傲物的感觉。 恃才傲物不仅容易让人质疑你的品格，而且还可能让你的同事和上司对你产生误解，从而阻碍你的职业发展。

孙卓不仅毕业于名校，而且其电脑技术非常出色，能迅速解决复杂的编程问题。刚加入新公司不久，他就迫不及待地想要展示自己的能力。

在一次团队会议上，当讨论到一个难题时，孙卓当着所有人的面毫不留情地指出了现有方案的不足之处，并详细说出了他的解决方案。虽然他的方案确实高效，但他的表达方式显得过于自负，甚至轻视了其他同事的意见。

孙卓的表现在公司里产生了两种截然不同的效果。一部分人认为这个小伙子的确有才能；也有一些经验丰富和工作时间长的同事感到不悦，他们认为孙卓过于自负，不愿意与人合作。这种情况最终影响了孙卓在团队中的人际关系，虽然他有出色的技术能力，但在实际项目执行时总是得不到同事的帮助。这让他陷入了一种孤立无援的境地。

孙卓的情况在职场中并不少见。才华固然重要，但知道如何有分寸地展示才华，以及如何与团队中的其他成员有效沟通和合作,更为重要。进入职场后,我们不仅应该充分地发挥自己的才华,而且也要注意保持谦逊和尊重他人的品质,这样才能在职场中走得更远。

一个颇有才华的年轻人充满雄心壮志,但他一直找不到成功的门路。他听别人说有一位长者很有智慧,于是他决定前去拜访。

这天，阳光明媚，他信心满满地迈向长者的家门。然而，正当他仰着脑袋、挺胸抬头跨过门槛时，一不留神，他的头狠狠撞在了低矮的门框上。

"哎哟！"年轻人捂着头，眼泪差点冒出来，他皱着眉头看着那个令他痛苦的门框。

长者听到响动，赶忙出来看看发生了什么。看到年轻人狼狈的模样，他忍不住笑了笑，然后语重心长地说："年轻人，很痛吧？但相信我，这可能是你今天学到的最宝贵的一课。在这个世界上，要想顺顺利利地走好每一步，记住，该低头时就低头。"

听完长者的话，年轻人顿时恍然大悟，他意识到了自己的自负和急躁。从此，他将这次经历铭记于心。他学会了在适当的时候保持谦逊，这个简单的道理帮助他在未来的日子里不断学习与进步，最终取得了事业的成功。

这个故事蕴含着一个道理：**真正的智慧不仅在于积累知识和技能，还在于知道何时展现自己的谦逊。** 在职场和生活中，懂得低调的人，不仅能避免许多不必要的冲突，还能赢得更多的尊重和信任。这种低调和从容是获得成功的坚实基石。

正所谓"虚怀若谷"，在职场上，做人一定要低调，千万不能趾高气扬。特别是当你在工作中取得了成绩后，要更加懂得谦卑。这样才能让同事和上司觉得你是一个谦虚和积极进取的人，才会给你更多的支持和帮助。

想得到同事的帮助，沟通技巧很重要

工作中，我们难免会遇到需要别人帮忙的时候。可是，怎样才能让更多人愿意帮助我们呢？怎样才能让别人心甘情愿地帮助我们呢？很多人都觉得这个问题很难，其实这并没有你们想象的那么难。

觉得难的人，可能是拿捏不好沟通的分寸，也可能是出于一种不好意思的心理。但不管是什么原因，我们都应该知道，同事之间互相帮助是一件非常正常的事情，也是有利于团队和企业发展的行为。当你遇到困难，想让同事来帮助你的时候，把握好分寸就可以了。

首先，你应该做到真诚，没有诚意的人是不会得到任何人的信任及帮助的。坦诚地说明你所面临的困难、需要的帮助以及你将如何与他人协作共同渡过难关。之后，你再恭恭敬敬地提出你的请求，这样才有可能得到同事的帮助。

毕竟是寻求别人的帮助，你的态度一定要真诚，话一定要得体，千万不要用发号施令的语气，即使你的职场地位比对方高。

因为强硬的态度会导致对方在心理上产生排斥。当然，你也无须太过卑微，像求人一样，那样会让对方感觉不自在，也会影响你的职业形象。

说到真诚，大诗人徐志摩求学的一段经历堪称经典。

徐志摩7岁的时候就已非常聪明，且对语言及文学表现出浓厚的兴趣。但到了15岁时，他觉得自己在这方面的学习长进不大，迫切需要一位精于此道的老师来指点他。

听说有一位叫梁子恩的人在这方面很有造诣，徐志摩很想投入其门下学习，但苦于没有人从中引荐。巧的是，徐志摩的表舅与梁子恩是同窗好友，于是，他就前往表舅家请求表舅为其引见。

表舅正在看书，忽然看到徐志摩走了进来，就问道："志摩啊！来找我是不是有事？"

徐志摩吸了一口气，他知道这次的请求可能会遭到拒绝，但他必须尽力。"表舅，我最近在诗歌和文学的道路上有些停滞不前。我听闻梁子恩先生在这方面颇有造诣，我非常希望能得到他的指点。"

表舅听完眉头微微皱起，沉默了片刻。他知道徐志摩对文学艺术的痴迷，但总觉得这些追求不如实务来得更实在。"志摩，你我都知道，那些诗词歌赋，终究是虚无缥缈的事物。何不学些实用之学,为将来打好基础?"

徐志摩深知表舅的顾虑,他低下头,语气更为诚恳:"表舅,我明白您的担心,但我的心灵深处总有一股力量驱使我去追求诗歌的至高境界。我感觉,如果不能在这条路上更进一步,我的心便难以得到真正的平静和满足。"

听到徐志摩如此诚恳的话语,表舅的想法也开始有所松动。他想,这样的坚持和热爱,不正是年轻时他自己追求学问的模样吗?终于,他轻叹一声,对徐志摩说:"好吧!既然你这般执着,我便帮你这一次。但愿你走这条路,能找到你真正的志向。"

徐志摩感激涕零,他知道,表舅的同意,不仅是对他个人才华的认可,更是对他追求梦想的极大支持。从此,徐志摩在梁子恩的指导下,诗歌才能获得了空前的提升,开启了他辉煌的文学之路。

正是由于徐志摩态度诚恳、感情真挚,他才打动了表舅,得以顺利拜师。这段经历也给我们一个启发:当我们需要请求别人的帮助时,多用商量、委婉、体谅的语气,会更容易被人接受。

从人们的心理看,盛气凌人、颐指气使的命令口吻,最容易引起反感;而对平等协商、诚恳请求的语气,人们总是天然地容易接受。因此,协商的语气比起傲慢的口吻,更容易对别人产生积极的影响。

除此之外,你还要考虑到,自己的请求会不会给对方带来压力,会不会让同事比较为难。这些难处,你自己首先要替别人想到,比他自己本人说出来更好。当你把话说得圆满,并且感情真诚的时候,别人也会尽力来帮助你。

"我知道这件事会给您添很多麻烦,但是我也没有别的门路,只能是拜托您了。请您多包涵。"这样说,对方也会将心比心,乐于帮你的忙。

其次,在请同事帮忙的时候,也不妨适当赞美对方,给对方"戴顶高帽"。这样做的好处是,能够令对方觉得你十分看重他的能力,他的帮助对你来说至关重要,这样他往往不会拒绝。

当然,正如我们前面所说,赞美也要恰到好处,不能漫无边际,变成肉麻的吹捧,让人觉得你为了求他办事,什么话都说得出来。别忘了,赞美的目的是顺水推舟让对方接受你的请求,所以话要说得漂亮。

"小林,你能帮我写一篇演讲稿吗?"

"我今天忙啊!"

"你帮我挤出点时间呗,你写文章那么棒!"

"可是我真的没空。"

"我当然知道你忙,可是这个忙只有你能帮。你写东西的水平那真是妙笔生花,而我的文笔简直烂得掉渣。再说,也用不了多长时间,上回你写那篇人物采访才花了两个小时,写我这个,肯定一个小时就够了。写完了我请你喝奶茶。"

"嗯,那好吧!"

这个简单的对话说明，当我们对对方某些固有的优点进行褒奖，使对方心理上得到满足时，在较为愉快的氛围下，对方会很容易接受你的请求。

另外，在请同事帮忙时，善于沟通的人一定会让对方觉得他是唯一的或最重要的人选，自己对他是非常看重的。如果让对方觉得自己不过是替补，是你找不到最好的，只能退而求其次，对方会认为你根本不需要他的帮忙或根本不在乎他的劳动。

所以，你在职场上千万不要说："小陈不在，你来帮我好了。"而应该说："你那么细心，帮我看一下好吗？"

最后，我们还可以通过语言来激起别人的自尊心、使命感，你要学会鼓励别人，如："我觉得你办这事最合适了！""你做这个事，我最放心！"

同事关系再好，也不要随便议论老板

许多人都有一个通病，就是在闲暇的时候喜欢议论他人，但是千万要记住，议论也要分场合和对象，特别是在复杂的职场上。

同事之间的相处要把握好尺度，不要完全交心，即使是关系非常要好的同事，相互发一些有关上司的牢骚，也是一种缺乏分寸的行为。

比如在午休或是闲暇的时候与关系不错的同事聊天时，一不小心说了关于上司和公司的坏话，说不定就会被某些人抓住把柄。这些话传到了上司的耳中，上司对你的态度就会有很大的转变。这种事在现实生活中确实不少，这就是人们常说的"祸从口出"。

在工作过程中，每个人考虑问题的角度和处理问题的方式难免有差异，所以对上司所做出的一些决定有不同的看法，甚至演变成你内心的不愉快，也是在所难免的。

但有分寸的人懂得，即使内心深处对上司再不满，也不能到处宣泄情绪，找人诉说，否则经过几个人的传话，即使你说的是事实也会变调、变味，待上司听到了，便成了让他生气难堪的话了，难免会对你产生不好的看法。

古代有个姓富的人家，家里没有水井，很不方便，常要跑到老远的地方去打水，家里甚至需要有一个人专门负责挑水的工作。因此，他请人在家中打了一口井，这样便省了一个人力。

他非常高兴有了一口井，逢人便说："这下可好了，我家打了一口井，等于添了一个人。"有人听了就添油加醋："富家从打的那口井里挖出个人来。"

这话越传越远，全国都知道了，后来传到皇帝的耳中，皇帝觉得不可思议，就派人来富家询问，富家的人诧异地说："这是哪儿的话，我们是说挖了一口井，省了一个人的劳动，就像是添了一个人，并没有说打井挖出一个人来。"

就像上面的例子一样，如果你在同事间议论上司的话，传到上司耳中变成"打井挖出一个人来"，那么就算你再努力工作，有很好的成绩，也很难得到上司的赏识。况且，你完全暴露了自己的弱点，很容易被那些居心不良的人所利用。

林娜是一家大型食品公司的市场部经理，她因出色的业绩和职业能力受到同事们的尊敬，她的老板对她也格外器重。不过，林娜并不完全满意她的职场生活，特别是对老板的管理风格颇有微词。

一个周末的晚上，公司的几位同事在一个小酒馆里举行了非正式的聚会。在轻松愉快的氛围中，大家畅谈工作中的点点滴滴。随着几杯酒下肚，林娜也放松了警惕，开始抱怨起老板来。

"我真的受够了张总的做事方法，每次都让我们在不必要的项目上浪费时间。"林娜的话语中充满了不满和挫败感。

"哎呀，我也觉得有点儿，有时候感觉就是在瞎忙。"市场部的另外一位年轻员工附和道。

听到有人支持,林娜的倾诉欲更强了:"不是我爱抱怨,张总这个人好像根本不懂市场似的,在他手底下工作,简直就是外行领导内行……"

林娜肆无忌惮地开始抨击自己的老板——张总,而她并不知道,在场的人中有一位名叫丽莎的女同事一直嫉妒林娜。丽莎趁着这个机会,悄悄地记录了林娜的这番话,并找了个机会将这些话告诉了张总。

消息传到张总耳中后，他感到非常不快，他对林娜的态度也随之发生了翻天覆地的变化。林娜的一些提案被频繁驳回，参与重要项目的机会也大大减少。林娜很快意识到，她在聚会上对老板的抱怨可能已经影响到了她的职场地位。

这件事给林娜上了一堂重要的课：在职场中，言语的分寸尤为重要，一时的情绪宣泄可能带来意想不到的后果。林娜后来努力修复与老板的关系，并且更加注意在工作中的言行，这次经历也让她更加警觉于职场中的人际关系和潜在的竞争对手。

试想，你连自己的嘴都管不住，你又怎么能管得住别人的嘴呢？而且，不在背后说别人的坏话，也是我们在人际沟通中最重要的一条准则，你可千万不要忘记。

第四章

与领导相处的分寸感：

锋芒不外露，谦逊得重用

与和同事之间的相处一样，领导和下属之间的关系也需要微妙地平衡。你应该如何在保持自我风格的同时，恰到好处地展现谦逊，以获得领导的信任和重用？这不仅是工作中的艺术，更是每位职业人必须掌握的分寸感。

懂得谦虚和尊重，领导面前有分寸

在职场这个错综复杂的棋局中，你的上司扮演着极为关键的角色。有一条金科玉律：在职场中，上司欢迎能力出众的下属，但不会容忍被下属超越。

三国时期的杨修就是一个鲜明的例子。他是曹操麾下的一名足智多谋的谋士，智慧过人。然而，他却是一个缺乏分寸感的人。在一个阳光明媚的日子里，曹操和杨修骑马同行，经过曹娥碑时，发现碑的背面有八个字，曹操问这八个字的含义，对于杨修来说，简直是小菜一碟。然而，曹操却制止了他，说："你先别急着说，让我自己想想。"曹操的脸上挂着深思的表情。

经过三十里的沉默后，曹操终于开口。他满脸期待地看向杨修，询问他的见解。杨修娓娓道来，他的声音平静而自信："黄

绢，色丝也，于字为绝；幼妇，少女也，于字为妙；外孙，女子也，于字为好；齑臼，受辛也，于字为辞。所谓'绝妙好辞'也。"曹操的脸上先是惊叹，随后不易察觉地掠过一丝戒备。杨修的才智已经让他产生了嫉妒。

最终，杨修的聪明反而成为他的致命弱点。在对汉中的战役中，杨修的一次举动成为曹操动手的理由。在一个寒风瑟瑟的夜晚，曹操沉吟不语，思考着战事的得失。此时，杨修却提前洞悉了他的意图，并开始悄悄准备撤退。曹操得知后，终于找到了借口，以泄露机密之名，结束了杨修的生命。

杨修的故事告诉我们，即使你拥有过人的才智，也要懂得在职场中恰当地展示。

在一家国际知名公司中，一位年轻有为的市场经理因其卓越的表现而备受瞩目。在一次重要的项目会议上，他展示了自己的锐意创新，提出了一项颠覆性的市场策略。他的提案充满新意，一时间会议室内响起了雷鸣般的掌声。

然而，在角落里，他的上司却是眉头紧锁，脸上浮现出不易察觉的不悦。那位经理未察觉到自己的成就逐渐引发了上司的嫉妒和不安。随后的日子里，他在其他项目中逐渐感受到了被边缘化的苦涩，最终才恍然大悟，理解了在职场上展现才华需要更加谨慎。

无独有偶,在另一家初创公司,有一位资深的软件开发者。他对技术有深刻的见解,对工作充满热情。但他更有分寸感,他明白一件事:在职场上,过度展露才华有时会引发不必要的竞争。特别是面对那位充满雄心壮志的大领导,展现过强的能力很可能会造成冲突。因此,他选择了一种更加谨慎的方式:在团队会议中分享见解,协助他人,而不是单独发光发热。他的态度谦逊而得体,不仅赢得了同事的尊重,也逐渐获得了上司的认可。

从这些故事中我们可以看出,在职场中,展现自己的才智和能力当然重要,但更重要的是如何在复杂的人际网络中恰当地运用这些才能。聪明的职场人士知道何时该展示自己的才华,何时该保持低调。

除了技能和智慧,在职场中,还有许多微妙的社交规则需要注意。例如,衣着的选择就是一个关键因素。如果公司没有严格的着装规定,员工就需要特别注意不要穿过于显眼或奢华的服饰,尤其是在上司在场的时候。过度的打扮可能会无意中盖过上司的风采,这是许多上司不愿看到的。职场中的衣着应该是低调而得体的,以免引起不必要的注意。

同样,在与上司共事时,也需要注意突出上司的地位。比如在参加官方活动时,始终保持对上司适当的尊重至关重要。你的行为应该恰如其分地反映出对上司的敬意，既不过分夸张，也不显得漫不经心。你的动作要体现出勤勉和活跃，而态度上则要展现出适度的谦逊。这样，任何旁观者都能一眼识别出上司的地位和领导角色。

记住，与其在职场中过分崭露锋芒，不如选择在适当的时机巧妙地展示自己的才华和智慧。

态度不卑不亢，表达要有技巧

由于存在职场地位上的差异，所以很多人在面对自己的上司或领导时总是显得十分拘谨，甚至给人一种非常卑微的感觉。还有的人在面对上司时觉得不知所措，总是担心说错话给自己带来麻烦。

其实这种担忧大可不必，面对上司时，只要把握好说话的技巧和分寸即可。你完全不用在上司面前唯唯诺诺，这样反而会让他觉得你没有自信或是缺乏主见。

在拿破仑统治的鼎盛时期，他的秘书布里昂是他的左膀右臂。一天，拿破仑在与布里昂审阅军事文件时，突然心血来潮，半开玩笑地对布里昂说："布里昂，你应该感到幸运，因为你将永垂不朽。"

布里昂感到困惑，不明白拿破仑的意图。拿破仑接着解释道："你不是我的秘书吗？随着我的名声传遍世界，作为我的秘书，你也将因此被世人铭记。"

布里昂是一个自尊心很强的人，他并不希望仅仅因为拿破仑的光环而被后世记住。他决定巧妙地回应拿破仑，既表达自己的观点，又不冒犯这位权力在握的皇帝。于是他反问道："那么，请问陛下，亚历山大大帝的秘书是谁呢？"

拿破仑一时语塞，没能答出名字，这让他意识到了自己的傲慢。他不得不承认布里昂的机智，也对布里昂的智慧和勇气表示赞赏："嗯，问得好，布里昂！"

这一事件不仅显示了布里昂的聪明，也反映出拿破仑虽然位高权重，但仍能接受合理的批评和观点，这是他作为一个领导者的重要品质。同时，这个故事也告诉我们，每个人的成就都应由个人的努力和才能来决定，而非仅仅依附于他人之光。

反过来说，如果布里昂唯唯诺诺地盲从，或是溜须拍马地回应，那么拿破仑会对他如此肯定和赞赏吗？所以，在面对领导时，我们虽然应该保持低调，但不应该让自己变得太过卑微。

在面对领导时，不卑不亢是你应该具有的态度。不要千方百计地讨好上司，更不要牺牲同事来博取上司的欢心。对上级当然要表示尊重，但是绝不要采取"低三下四"的态度。

除了摆正自己的姿态以外,你还应该根据领导的性格来考虑谈话方式。比如你的领导是一位性格爽快、说话干脆的人,你应该在沟通时尽量避免啰唆,拣重点的内容汇报;如果你的领导比较沉默寡言,那么你可以适当活跃一些,这样能够让沟通的氛围更加愉悦。

但不管你的领导是怎样的风格,你都要明白一个底线:一些让领导不高兴、下不来台的话,最好不要说。

比如在回答领导的问题时,如果你给出"随便!""都可以!"这样的回答,会让你的领导认为你态度敷衍、不懂礼貌,对工作不上心。这样,你在他心中的印象就会下降一个档次,这不是件好事情。

领导询问你一些事项,如果你对他说:"这事你不知道?""那件事我早就知道了!"这些回答带有明显的轻蔑语气,即使对熟悉的朋友这样说话也是极不妥当的。

另外,像"我想这事很难办!"这样的话,也不要随便对领导说。一方面会显得你能力不够或是缺乏自信,另一方面也显得领导考虑问题不全面或脱离实际,这会让他在脸面上过不去。

当公司内出现问题,领导找你谈话时,你最好不要直接回答"不是我的错"。虽然问题的发生的确与你无关,但这么说会显得你非常急于撇清责任。此时你可以帮助领导分析问题产生的根源,这也是表现能力的一个好机会。

如果是在领导面前汇报工作,你一定要避免说"我没有什么新内容要汇报",这句话会给老板一种"工作投入不够"和"不积极主动"的感觉。你要知道,老板欣赏的是创新和效率,而不是平庸。

总之,在面对领导时,我们要尽量避免触碰到一些沟通的底线,并在态度上保持不卑不亢。但一言不发也不会有任何裨益,因为老板期待的是信息、观点和想法。所以,我们能做的,唯有把握好自己言语的分寸,以赢得上级领导的好印象。

既要踏实肯干,也要适时展现

作为一名下属,如果你总是将自己的思绪藏于心底,不敢或不愿表达出来,那么与领导之间的沟通桥梁便难以建立。虽说"沉默是金",但如果你总是沉默,别人又如何注意到你的光芒呢?

同样的工作能力,领导者会更欣赏那些能够自信表达自己想法、充满热情的员工。如果你总是选择沉默,你的沉默也可能被领导解读为你对工作态度不积极。

在职场舞台上,如果你能适当地、有分寸地表达自己的想法或建议,就有机会获得领导的青睐和信任。因为只有沟通才能传递你对工作的思考，展示你对工作的热情与积极。

工作时间久了，对于公司内部和你个人工作上的一些问题，你心中可能充满了各种意见和建议。这些想法不应该仅仅停留在抱怨或默默思考的层面上，有时也需要被你的领导听到。适宜且主动地向领导阐述你的看法，不仅可以使你的工作体验更加愉快，还能体现你在工作上的积极参与和投入。

高哲一直是个性格内向的人，从小接受的教育是"多做少说，实干为上"。因此，他在工作中总是保持低调，虽然心里对许多事情有自己的见解，但他很少在会议上发言，总是静静地坐在会议室的角落里。领导对他的评价一直就只有"踏实肯干"这四个字。

在一个熟食预制菜策划开发的项目讨论会上，高哲如往常一样坐在一旁，听着几位善于表达的同事热烈讨论，他心里却有些不服气："他们说的大部分都是些没有深思熟虑的主意啊。"尽管如此，他还是没有开口，只是在心里默默地评判，面无表情地记录着会议内容。

然而，随着时间的推移，高哲看到那些经常发言的同事要么加薪，要么升职，他开始感到郁闷和不公。他想："难道只有说得多的人才能得到认可吗？"这种想法让他深感挫败。

终于有一天，高哲决定改变自己的策略。在一次例行的一对一汇报中,他鼓起勇气对部门经理说:"我有一些关于项目优化的想法,不知是否可以跟您分享看看?"他的声音有些颤抖,这是他第一次主动与领导讨论自己的想法。

部门经理略显惊讶,但还是鼓励地点了点头:"当然可以,高哲,我很想听听你的见解。"

高哲深吸了一口气，详细地说明了他的想法，并解释了这些改动如何提高工作效率和降低成本。尽管内心波澜起伏，但他还是尝试保持坚定的眼神和平静的语气。

部门经理听完高哲的陈述有点诧异，他没想到这个平时如此沉默的小伙子，脑袋里却这么有想法。他想了一下，然后微笑着对高哲说："高哲，你的建议很好，或许能够帮助公司节省一些成本。不妨就让我们试试吧。"

随着时间的推移，高哲的建议被证明非常有效，帮助公司节省了大量资源，他逐渐获得了领导的信任和尊重。他也变得越来越自信，经常与领导分享自己的新想法，并得到了正面的反馈。

尽管我们常说"低调为人"是一种分寸感的体现，在领导和同事面前要懂得谦虚，但这不代表你要一直低调和沉默。过于沉默，可能会掩盖你真实的才华。 如果你熬到退休，领导都不知道你的真实水平，那将是多么遗憾的事情！

就像高哲所经历的那样，我们既要踏实肯干，也要懂得适时展现自己、表达自己。在合适的时机，鼓起勇气表达出自己的成熟见解，就有可能得到领导的赏识。而且，当你通过与领导沟通，把你的想法变成对团队、对公司有益的方案，并落地见到成效，你也将收获成就感。

只不过，在向领导表达你的想法之前，你必须确定你的想法是否成熟、是否具有可操作性、是否具有一定价值。如果连你自己都不确定你自己的想法或方案具有可行性，那么你最好不要随便汇报，那样可能只会让你在领导面前难堪。

这样向领导提建议，效果更好

适时展现你的想法很好，只是你需要注意，跟领导交流意见同样需要掌握分寸和技巧。你需要充分考虑谈话的内容和表述方式，经过自己深思熟虑，再巧妙地提出。这直接关系到沟通的效果。

首先，主动找领导谈事情要选对时机。不要在领导忙碌的时候找领导谈，因为在那样的情况下谈话效果不佳，领导不仅听不下去而且还会觉得你打扰了他正在忙的工作。如果领导暗示你他现在比较忙，你最好找个理由马上离开，这样领导还会觉得你比较懂事。

这里有一个诀窍：如果你在领导心情比较好的时候去提想法，沟通的结果可能会更好。比如说当公司或部门达成了重要目标、获得了奖项或是公布了正面的财务报告时，整个管理层的心情通常会很好。这是提出新想法的绝佳时机，因为成功的氛围会使人们更乐观地看待新的提议。

其次，主动找领导谈事情要准备充分。比如你想向领导汇报一个方案，领导可能会据此向你提出一些问题，如果你没有事先准备充分，只能含糊其词，沟通效果就会大打折扣。所以，在向领导提出任何建议之前，你要准备好相关数据和案例来支持你的观点，并预测到领导可能给出的反对意见，准备好应对策略。

张宇是一家广告公司的市场分析师，他注意到公司在某一市场领域的表现不佳，便想出了一项大胆的新战略，试图扭转局面。在部门会议上，张宇提出了他的计划，但他只是基于自己的直觉和非常有限的数据做出的建议。

当领导询问关于预算分配、目标市场的具体数据、预期的ROI（投资回报率）以及为何他认为这个策略能成功时，张宇却回答不上来，只能含含糊糊地说："这个我还真不太清楚。我觉得大概应该是……嗯，抱歉，我没做这方面的统计。"

显然，他没有提前准备这些数据，也没有从类似案例中找到相关的信息，更没有对领导可能给出的问询进行预判。

结果，领导感到张宇的提议缺乏实际依据和深度，担心这只是一时的冲动而非经过充分研究的方案。因此，张宇的建议没有被采纳，他在同事和领导眼中的可靠性和专业性也受到了质疑。

除了提前做好充足的准备以外,在向领导提建议时,你还应该努力做到言简意赅。特别是面对工作繁忙、追求效率的领导时,你更应该注意表达时的详略得当。在提出建议时,你可以直接说明你的主要观点和目标。不要绕弯子或提供过多背景信息,因为这可能会分散领导的注意力。你要尽可能简明扼要地阐述问题和你的解决方案。

当然,为了确保你在和领导沟通时表达得更流畅,你还可以提前模拟练习一下。这样做还可以减少你在实际和领导沟通时的紧张感。你在沟通中越轻松，就会越有自信。

最后，在向领导提建议或方案的时候，别忘了分寸感。尽管你可能对要表达的内容烂熟于心了，也要注意沟通的节奏，注意你的语速，确保你说的每句话和每个词语都能清晰地传进领导的耳中。

你还应该在陈述完你的建议或方案后，像个学生一样主动询问领导的看法，比如"您觉得我这个想法如何？""您看，我能否把这个计划尽快落实？"等等。主动询问领导的看法，一方面表达了你对他的尊重，另一方面也能让沟通变得更为平衡顺畅，同时，你也可以从领导那里得到更多的有价值的反馈。

再有主见，也不要替上司做决定

大多数上司确实希望下属充满热情和创意，但这绝不意味着可以无视上司的决策。在工作中表现出活力并非意味着要颠覆上司的权威。其实，积极执行上司的决策并不等同于失去个性，反而可能是展示自己工作能力的机会。但如果擅自替上司做决定，那就是没有分寸的表现，结果可能就是自找麻烦。

在职场中，这样的例子比比皆是。下属在工作中自行做主，虽然偶尔可能带来正面的结果，但更多的时候会导致上司的不满和不信任。**无论你的职位多高，切记不要超越自己的职责范围。一旦你的行为超出了自己的权限，很容易在职场中踩到雷区。**

赵经理在一个重要项目中发现了潜在的风险。他没有直接采取行动，而是准备了详细的分析报告，并找到了合适的时机向他的上司李总汇报。

在与李总交谈中，赵经理小心翼翼地说："李总，我在我们的项目中发现了一些可能的风险。我已经准备了一个报告，希望能和您分享一下我的观点。"他的方式礼貌而恰当，既展现了他的专业能力，又表达了对上司决策的尊重。

李总对赵经理的报告非常感兴趣，并认真听取了他的意见。他赞赏赵经理的细致工作，并最终决定根据赵经理的建议调整项目计划。这不仅避免了潜在的风险，还加强了赵经理与李总之间的信任。

这个案例清楚地表明，合理地提出建议不仅能展示个人的专业素养，还能在尊重上司决策的基础上推进工作的进展。在职场中，这种把握分寸的艺术至关重要。

学会在尊重上司的同时展示自己的能力，是每个职场人必须掌握的技能。记住，有时候，顺从不是软弱，而是智慧的展现。

正确的态度和行为，会为你的职业生涯铺平道路，而任性的决策只会让你走上歧途。

关键时刻往前站，帮领导排忧解难

之前我们讲过，和同事相处，要懂得推功揽过，那么作为下属，在领导面前，是否也应该做到这一点呢？答案是肯定的。

领导一般要承担更重大的工作任务，而在其重大任务出现问题或错误时，作为下属，如果你能够在适当的时候为领导分忧，这不仅能帮助领导减轻负担，还能展现你的团队精神和责任感。

简单来说，当团队取得成功时，让领导站在前台领取荣誉；而当遇到困难或问题时，你则可以适当地站出来，帮助领导处理困境。这种做法不仅能够维护团队的和谐，还能增强你和领导之间的信任与合作。

汉高祖刘邦的女婿张敖手下有一位官员叫田叔。一次，张敖涉嫌一桩谋杀皇帝的案子，被逮捕进京。刘邦颁下诏书说："有敢随张敖同行的，就诛灭他的三族！"可田叔不顾个人安危，剃光了头发，打扮成一副奴仆的模样，随张敖到长安并在旁服侍。

后来，经过查实，张敖确实无罪，大家也因田叔的一片忠心而敬仰他。

汉景帝刘启继位后，田叔深得他的信任，并被任命为鲁国相国。而鲁王正是汉景帝的儿子，他凭借皇子身份，不仅飞扬跋扈，而且还经常掠取百姓的财物。田叔一到任，前来告状的多达百余人，田叔不问青红皂白，将带头告状的人各打了几十大板，并怒斥告状的百姓道："鲁王难道不是你们的主子吗？你们好大的胆子，来告自己的主子！"

鲁王听田叔报告了这件事后很惭愧，于是把王府的钱财拿出来一些交给田叔，让他去偿还给那些受损失的百姓。而田叔却摇摇头，说道："您拿走的东西而让老臣去还，这岂不是使大王受恶名而我受美名吗？还是您自己去发放给百姓吧！"

鲁王听完田叔的话，感到非常满意，并连连夸赞田叔聪明能干、办事周到。田叔的智慧不仅帮助鲁王赢得了百姓的心，也稳固了他在鲁国的地位。

像田叔这样懂得将功劳归于领导，将过错留给自己的下属，试问哪一位领导会不喜欢呢？大凡领导，需要管理的事务很多，但并不是每一件事情他都愿意干、都愿意出面、都愿意插手，这就需要下属在关键时刻能够出面，代领导摆平问题，甚至出面维护领导，替领导分忧解难。如果你能懂得这样做，必然能赢得领导的信任和赏识。

与之相反的是，如果你不懂得替领导分忧解难，甚至毫无分寸地给领导"找事"，那么结果就可想而知了。

有一家通信科技公司最新推出了一款智能手机，引发了用户的大量投诉，问题涉及从电池续航到屏幕故障等多个方面。舆论的压力日益增大，直到有一天，电视台记者闻风而至，希望能采访公司的老总。

在公司大门口，记者们碰到了一位年轻的助理小张。他刚刚加入公司不久，平时工作勤恳，但对于如何处理媒体和公关危机几乎一无所知。看到眼前的情况，小张顿时感到手足无措。

记者们迫不及待地向他提问："你们公司是怎么回应这些投诉的？有什么说法吗？"小张心里虽然明白自己不该随便发表言论，但面对一群如狼似虎的记者，他慌了神，十分没有分寸地说了一句："这个问题我不清楚，你们可以去办公室找我们领导。"

这句话就像是打开了潘多拉的盒子，记者们一窝蜂地奔向了老总的办公室。而老总那时正在忙着协调内部会议，突然被一群记者围住，各种问题像机枪一样朝他射来，他完全不知所措。

事件平息后,老总得知是小张的一句话导致了这场混乱。尽管他理解小张是新手,但这样的失误实在令人无法接受,小张最后不得不离职。

这次事件给小张上了一课:在职场中,特别是在危急时刻，把握言辞、保护上级免受外界压力，是每个下属必须学会的技能。

拿出忠心和诚意，更能触动领导的心

工作能力确实是完成工作的关键，它直接影响着我们的工作表现和效率。但若只凭借能力而忽略了对上司的尊重，往往不足以深入上司的心扉。忠心和诚意是表达尊重和责任感的重要方式，是每个出色员工的基本素质，是让能力和才华得以充分展现的基石。

适时地展现忠心和诚意，可以给你的职场生涯带来许多好处，提升你在上司心中的地位。我们可以通过李华的经历来看到这一点。

李华是广东橘动植物食品公司某部门的员工，他年轻且充满活力，而他的上司——王伟经理，以严谨和创新闻名。虽然王伟的工作方法有时会引起一些老员工的异议，李华始终对他的领导方式充满敬意。

一天，一次重要的项目会议上发生了一件意想不到的事情。由于一个微不足道的错误，王伟被公司的高层当众严厉批评。李华看到王伟脸色苍白,整个人似乎被这突如其来的打击击垮了。李华心中充满不忍,他深知这个错误其实源自自己的一个疏忽。

在紧张的会议室中,李华站了起来,他的声音平稳而坚定:"各位,我必须承认,这个错误实际上是由于我在执行过程中的

失误造成的。王经理对这个项目一直非常关注，这个问题不应该由他承担责任。"王伟惊讶地看着李华，眼中闪过一丝不易察觉的感激。

公司高层的表情也由严肃转为淡然："既然如此，我们期待你能尽快提出解决方案。"李华点头回应："我已经在着手处理，会尽快纠正这个错误。"

会后，王伟拉着李华到一旁，眼中含着感激："李华，谢谢你。我没想到你会站出来。"李华笑了笑："王经理，我们是一个团队，应该互相支持。"王伟拍了拍他的肩膀："你这种勇气和责任感，是我们团队的宝贵财富。"

李华不仅化解了王伟所面临的尴尬，而且加深了上司对他的信任。在未来的日子里，王伟更加信赖李华，而李华也在工作中获得了更多的成长和机遇。

展现出忠心和诚意，不仅是对上司的尊重，更体现了一个员工的整体素质和职业道德。它不仅能让上司感到被支持，也为你创造了展现自己价值的机会。

表达忠心和诚意，并不是让你去替上司"背黑锅"。它可以体现在日常工作的每一个细节中，如有效沟通、积极执行任务和主动提出建设性意见。这些行为都能够强化与上司的关系，促进你在职场上的发展。

值得注意的是，过度地表达忠诚或过于强烈地显示诚意可能会被误解为奉承或不真诚，甚至可能造成不必要的误会。分寸感很重要，你在展现这些品质时，要考虑到上司和公司文化的特点，以及具体情境的需求。

正确的做法是在尊重和理解上司的同时，适时地提出建议和反馈。 例如，你在提出建议时，可以选择合适的时机和方式，确保建议是建设性的，并且与上司的目标和公司的战略相一致。同时，你要避免在不适当的时刻或以不合适的方式表达自己的观点。

总之，职场不仅是技能和才华的展示场，更是品格和价值观的体现。通过展现忠心和诚意，我们不仅可以在职场中站稳脚跟，也能在职业道路上走得更远。记住，在适当的时候展示这些品质，可以帮你掀开职场生涯中新的篇章，带来意想不到的机遇和进步。

第五章

管理下属时的分寸感：

把握好批评，掌握好激励

在管理下属的过程中，恰当地平衡批评与激励是一门艺术。作为管理者，你需要精准地把握沟通的分寸，确保你的语言能够成为推动团队进步的工具，有效提升员工的积极性和工作热情，帮助他们实现自我超越，促进团队目标的达成。

管理者的分寸感，从懂得放权开始

和管理者交流的过程中，我们经常会听到这样的话："我那些下属啊，什么都做不好。""要是他们经验丰富些就让我省心了。""他们都没接受过培训，我也没时间教他们，真是离了我什么都办不成。""跟他们交代个任务真是费劲，等说清楚了，我自己可能早就干完了。"诸如此类的话，相信各位或多或少也听过或者说过。

事实上，这些牢骚话并不能证明这位管理者的能力有多强，反而说明他们不懂得培养下属与适时放权，以至于自己叫苦连天，下属和上司却都不买账。我认识的一位管理者就是如此，他每天的工作状态是这样的：

从上午 9 点开始上班，他就一直忙着看邮件、回邮件，审阅下属递交的各种方案和报告，还要准备会议、搜集资料，与同级

和上司开会，给下属开会，与下属一起沟通修改意见……常常忙到晚上七八点钟，当天的工作还处理不完，甚至要带回家继续加班。每天他都觉得特别累，回到家里也不能好好陪家人，满脑子想的都是如何完善方案、如何避免出错。

可是尽管他已经加班加点忙得不可开交了，还是经常会出现这样的情形：下属提交的报告迟迟得不到他的反馈，没有时间认真思考如何给下属的方案提供修改意见，新的任务因尚未考虑妥当很难及时分配下去，等候决策的下属不时催促他尽快做出决定……

如果单单是忙碌也就罢了，问题是，渐渐地，员工对他越来越不满。"等待他签个字总要等那么久，影响我的项目进度。""经理根本就不相信我们，总是让我们等他的建议，不放手让我们去做，那就交给他自己好啦。""真是想不明白，公司怎么会让这样一个永远无法及时决断的人当经理。""他这人适合做管理者吗？"……这样的声音渐渐传到了他的耳朵里。

这时候，他开始觉得特别委屈，自己每天废寝忘食、尽心尽力地对待工作和下属，希望能帮他们少走弯路，让一切都进展顺利。自己真的错了吗？

事实上，他的确做得不够好。中国有句古话说得好："得人之力者无敌于天下也；得人之智者无畏于圣人也。"作为管理者，我们拥有别人的"力"和"智",这么好的条件倘若不知善加利用,那么即便自己累得要死,也只会被他人嘲笑能力有限。

你要明白,"凡事自己来""亲力亲为""事必躬亲",对于管理者来说,并不是勤奋踏实的表现,而是一种缺乏分寸感的表现。

为什么我要这么说呢?其实道理很简单,这种行为模式在表面上看似展现了管理者的责任感和控制欲,但实质上反映出了他对团队成员能力的不信任和管理能力的不足,长此以往会带来一系列问题。

首先,当一个管理者把时间和精力花费在应该由下属完成的任务上时,他们本应关注的更重要的战略问题就会被忽视,这种资源配置的失衡对组织或企业的长远发展极为不利。

其次,即使你再有才干,但作为一位管理者,你的能力和时间总是有限的,凡事亲力亲为必然成为工作流程的瓶颈。你所管理的团队的效率和反应速度都会受到限制,这是不适应快节奏的商业环境的。

最后,一个最关键的问题在于,如果你的员工、你的下属长时间在这种环境下工作,会感到自己的才能得不到充分发挥,不能自动自发地去工作和思考,逐渐失去主动性和创造力,这对于保持团队的活力和创新非常不利。

曾担任微软公司 CEO 的史蒂夫·鲍尔默就一针见血地指出:"有人告诉我他一周工作 90 小时,我对他说,你完全错了,写下

20项每周至少让你忙碌90小时的工作，仔细审视后，你将会发现其中至少有10项工作是没有意义的，或是可以请人代劳的。"他曾给微软各个层级的管理者这样一条忠告："不要什么事都做。你的任务是计划、组织、控制、指挥。"这一条忠告，我相信所有管理者都需要铭记。

并不是所有问题的解决都非你不可，整个世界和这个部门离开你仍然会照常运转，你大可不必因为没有亲自处理这些问题而不放心。身为管理者，你需要做的是考虑哪些事情是可以交给下属来做的，以及如何培养你的下属或员工。

对于刚刚从基层提拔的管理者来说，这一原则尤其需要注意。很多因业务能力出色而升职的管理者往往会亲自冲锋陷阵，在一线拼搏，这是不够妥当的工作方式。对你来说，多想多看，才能"旁观者清"，才能更客观高效地判断事情的黑白曲直。

身为管理者，你的能力也无须通过"你能做的事"来证明，能做并不代表你就需要亲自去做。懂得分寸的管理者通常会考虑两件事：自己应该做什么，以及别人能够为自己做什么。确定了这两件事，你就可以确定事情的优先级别，为自己争取更多可供自由支配的时间。

此外，你要懂得给别人出错的机会。每一位管理者都希望自己所管理的组织一切都非常完美，但这明显是不可能的。完美永远是相对的，凡事都由你自己来做也未必不会出一点问题。所以，在你充分授权之后，要允许员工或下属在实践中犯错，只有这样他们才可能成长得更快。

不要不信任，但也不要过于信任

毫无疑问，能成为管理者的大都是有能力的人。这些有能力的人，往往具有较强的自信心，他们对自己能做什么很有把握。然而，大多数管理者却有一个共同的毛病——对他人不太放心，不放心别人可以把事情做好。于是在不知不觉中，很多管理者养成了事必躬亲的坏习惯，或者不敢授权，或者在授权之后不断插手干涉，让下属大为不满。

事实上，假如你总是按自己的行为模式要求他人，错误地注重表现而忽略结果，那么这种不适度的要求，自然会对别人产生不信任感。

正所谓"用人不疑，疑人不用"。将心比心，倘若你的上司给你分配任务时流露出不信任的情绪，你会怎样想呢？除了情绪上不大舒服，更糟糕的结果是你会告诉自己"反正上司也不相信我能做到，搞砸了也在他意料之中"，于是你会对完成任务不再尽心尽力。

那么，你希望自己分配下去的任务也被如此执行吗？如果不想这样，就要对员工表现出信任的态度。比如，你可以告诉他："这项工作对我们公司很重要，我相信你一定能让我们满意。"诸如此类的话，可以对员工产生很大的激励作用。

但是信任不可以只停留在口头上，而是要用行动表示，倘若你只是嘴上表示信任，却在授权以后对员工横加干涉，只会让他们无所适从。这样的后果是，员工既无法发挥主观能动性，也会对管理者产生不信任，形成一种恶性循环。所以，身为管理者，我们要让团队中的其他成员感受到被信任的美好。

不过话又说回来，很多事情都是相对的，信任也一样。管理者要给员工的是信任，而不是放任。信任过头了，就是放任。比如，你把任务分配之后从此撒手不管、听之任之，那就是放任。

所以，信任同样也需要理性地把握好度。尤其是在年轻员工较多的企业，由于价值观与人生观的差异，80后与90后在工作中会有一些比较自我的行为。我们不仅要确保自己的信任不被滥用，还要让下属知道，如果他们辜负了自己的信任，会有多严重的后果。

当然，这种由于放任所造成的严重后果，没有人真的想看到。那么，聪明的管理者就必须在给予授权与信任的同时，也懂得监督与控制。

罗欣刚从海外回国，应聘了一家知名企业的总经理职位。上任后,她立刻发现了财务管理上的一些漏洞,并决定引入每月一次的财务审查制度,以增强公司的透明度和责任感。

在第一次全体财务部门会议上,罗欣向财务主管们提出了她的计划。然而,这一提议立即遭到财务团队的强烈反对。

一位资深财务主管紧皱眉头，有些不满地说："罗总，我们这么多年来都是自行管理的。如果您这样每月都来检查，是不是表示您对我们缺乏信任？"

罗欣微微一笑，平静地回答："我理解你们的顾虑，但这不是对个人的不信任。在海外，公司定期财务审查是非常普遍的做法，它更像是一种保护机制。"

"可是我们是国内公司啊……"这位财务主管还是有点心有不甘。

罗欣点点头，然后认真地说："设想一下，如果我们能及时发现并解决小问题，小问题就不会演变成大问题，这不正是在保护我们大家吗？而且，我想问问，谁能保证在没有任何外部检查的情况下，我们就绝对不会犯错误呢？"

会议室里一片沉默，大家都在思考罗欣的话。

罗欣趁机继续说："请大家理解，引入这个制度并非怀疑大家的能力，而是为了使我们的工作更加标准化、更能把握质量。"

最初几个月，财务团队的成员们还是有些抵触，但随着时间的推移，他们开始意识到这种制度的好处。每月的审查让他们在工作中更加细致，也更加自信，因为他们知道自己的工作是经得起推敲的。

几个月后，罗欣在一次公司茶话会上笑着对财务团队说：

"看，我们这几个月的财务报告是不是比以往任何时候都要清晰、准确？这都归功于大家的努力和新的制度。"

现在，财务部门的团队成员不仅完全接受了每月审查制度，还主动扩大了审查范围，公司的财务管理显然更为规范了。

从上面这个案例中可以看出，"信任"和"监督"并不冲突。身为管理者，对工作流程进行控制是正常的，也是必需的。用IMB公司前总裁郭士纳的话来说，就是："如果强调什么，你就检查什么；你不检查，就等于不重视。"

所以，对管理者来说，把握好"信任"的分寸和方法，是非常重要的。一方面我们要离下属"远"一点，别把他们看得太紧，要最大限度地放行；另一方面也要制定一些监督他们行为的规章制度和使用一些控制手段，只有有章可循才能避免他们产生被监视的感觉，这样才能收效良好。

懂人性通人情，才能成为好的管理者

如果你是一位团队管理者，即使只是管理一个很小的团队，你每天也需要做一件重要的事情，那就是沟通。沟通在我们的日常工作中占据重要地位，我们不仅要向上沟通，和同级别的其他管理者沟通；还要向下沟通，听取下属的意见和建议。

也许大家会说："没错，我每天都在跟下属沟通啊。"真的是这样吗？也许你每天都在跟下属说话，但那未必是沟通。而且，即便你有意识地想要沟通，也未必就真的做得很好。

俗语说得好，"一句话说得人笑，一句话说得人跳"，你千万不要小瞧了语言的力量。倘若你留心观察过人与人沟通的情形就会发现，同样的一句话，用不同的表达方式说出来，效果是大相径庭的。所以，很多时候，能不能赢得下属的心，关键就看你懂不懂得沟通的技巧。

管理者的角色，既像是一位大家长，又像是一位合作伙伴，也像是一位导师、一位朋友，如此复杂的角色，更需要你注意沟通的分寸。话说得重了会破坏下属的积极性，话说得轻了起不到管理的效果；话说得太啰唆有失领导风范，话说得太简洁下属可能一头雾水。

而想要拿捏好分寸，就必须对周围的人与事十分敏感，并掌握沟通的技巧，随时都能果断地陈述自己的意见，而且重点是不引起他人的反感。在管理中，用这种技巧来与员工沟通，就更容易让他们心服口服。

只是，如何才能掌握沟通技巧，巧妙地与下属沟通呢？管理学中有一句流传甚广的俗语叫"管事要管人，管人要管心，管心要知心，知心才同心"。管理管的是人，所以了解人性才是根本。

的确如此,管理与人性是密不可分的。每个人都有七情六欲,有喜怒哀乐,有不同的观念、心态。在管理他们的时候,一定要了解人性,通达人情,这样才能赢得人心,让管理效果事半功倍。

大多数管理者都有丰富的社会阅历和人生经验,应该知道有些人性和人情世故,可以从书中读到,但有些是需要自己去总结的。根据我的人生经历和管理经验,我总结了一些心得,在这里与大家分享:

（1）注意到人性的弱点。这无关"性善""性恶"的问题，而是如果本着"人本来都是自私的"这样的观念去管理，至少不会出大错。正因为人性如此，所以我们需要各种规章制度来约束人不当的言行。当然，这并不意味着大家要把下属想象得十恶不赦，但承认人性的不完美，能让我们更宽容、更妥善地处理很多问题。

（2）人是很难改变的。想想你自己改掉一个坏习惯需要花费多大力气，就能知道想让你的下属做出改变有多难。所以，比起要求下属改变，更容易做到的是根据每个人的性格和行事特点来分配任务，而不是要求每个人都能在短时间内快速符合工作岗位需求。

（3）人天生喜欢被称赞。人往往天生就有喜欢被赞美、不喜欢被批评的特点，所以想要让下属更积极地工作，你可以适当采用赞美的方式，让他们的虚荣心得到满足，从而有利于开展工作。

（4）人都有好胜心与自尊心。正因为如此，激将法才那么管用。所以在管理中，你可以适当运用这种好胜心激发员工的斗志，让团队拥有昂扬向上的风貌，激发他们的潜力。

（5）人都有惰性。人的天性是喜欢安逸、厌恶辛苦的，所以不要寄希望于员工拥有不竭的工作动力，而是应该既准备大棒也准备胡萝卜，建立起科学完备的管理体制。

（6）人都喜新厌旧。这一点可以让你明白，管理方式是应该常变常新的，比如奖惩手段要不断创新，不让员工感到麻木，这样才能达到更好的激励效果。

相信很多管理者对人情人性都会有类似的感触，只是很多人并不见得会将这些宝贵的人生感悟应用到实际的管理工作中去。很多管理者喜欢偷懒，他们希望最好有人把所有应做的事像规章制度一样一条条列出细则，那样就太省心了。

但实际上，所有伟大的管理者都是规则的缔造者而非盲从者。管理是一门艺术，是需要用心去做的。它需要我们在不断丰富知识和人生经验的同时，从中提取智慧，然后合理地运用。只有这样，才能在现有的岗位上游刃有余，进而获取更广阔的上升空间。

就事论事不伤人，批评下属要到位

就拿批评下属这件事来说，我发现很多管理者都像是"老好人"，只轻描淡写地把下属批评一顿。这种隔靴搔痒似的批评，不仅没有起到批评的效果，也不会帮助下属得到成长，反而让下属在职场上变得更加肆无忌惮。

事情就是这样，不管是表扬还是批评，都要鞭辟入里，抓住要害。如果批评不痛不痒，还叫什么批评？既然是批评，就是要让对方能记住，能意识到"我的确做错了，以后要尽力避免"。倘若连批评也流于形式，那要这个形式有什么用？何不干脆好人做到底，直接舍弃批评不就得了？

假如你试图做"老好人"，那么可以听听日本"经营之神"松下幸之助的教诲，他是这样说的："上司要建立起威严，才能让下属谨慎做事。当然，平常还应以温和、商讨的方式引导下属自动自发地做事。当下属犯错误的时候，则要立刻给予严厉的纠正，并进一步积极引导他走向正确的路，绝不可敷衍了事。所以，一个上司如果对下属纵容过度，工作场所的秩序就无法维持，也培养不出好人才。"

松下幸之助已经把管理者的批评的重要性解释得非常透彻了，可见在管理中，宽严得当是多么重要。我们都知道，在玩游戏时，一定要遵照游戏规则，否则游戏根本就无法进行。玩游戏是这样，现实中更是如此，在规则和制度面前，我们更应该分毫不让、严格执行。

但是，这并不意味着，你的批评就应该如同暴风骤雨。

一位销售经理在办公室里皱着眉头，看着面前的销售报表，他的目光停在了一个名字上——小陈。这个月小陈的业绩竟然排在了全队的倒数第二，甚至比新来的实习生还差。

"小陈,你这个月到底在忙些什么?看看你的业绩,排在倒数!比刚入门的小李还差!你是不是以为当过几次月度销售冠军就可以高枕无忧了?!"经理的声音在小会议室里回响,带着不满和攻击性。

小陈吞了吞口水，试图解释："经理，这个月市场有些变动，我的主要客户……"

"变动？我看是你太自负了，都不知道自己是谁了吧？！别找借口了，你这样的表现实在让人失望。"经理打断了小陈，语气中透露出强烈的责备和警告，"公司不是白给你发薪水的，你再这样懈怠，别怪我不给你机会。记住，再出现这样的情况，我可不只是口头警告，你就收拾东西走人吧。"

经理严厉的话语让小陈无地自容，心情沉重地退出了办公室。这场对话不仅让小陈感受到巨大的压力，也让他对自己的未来充满了不安。

事实上，小陈确实有自己的苦衷。这个月他奉命把已经开发得相对成熟的区域交给了新来的小李，自己去别的区域开发全新的市场，能拿到这个成绩已经相当不错了。经理刚才不由分说的一通批评，让他满怀委屈。

相信大家都能理解小陈的心情，那么，身为管理者的你是否曾经扮演过那位销售经理的角色？你应该知道，这样的批评毫无益处，非但不能让员工成长，相反只会给员工带来伤害，甚至会让员工对管理者产生一种痛恨的情绪。

所以，把批评的分寸拿捏好，也就是批评到位，才能让批评成为有效的管理手段。具体来说，关于批评的方式和内容，我建议管理者们注意下面几个问题：

首先，在没有弄清楚事实之前，不要张口就骂。管理者应该在认真细致地调查清楚事实之后，再找员工谈话，而且要给员工陈述事实的机会，让他们谈谈自己的看法。也许，站在员工的角度，你会有不同的发现，会注意到一些之前可能没注意到的问题。此外，当某个问题涉及多位下属时，不可以只批评其中一位，哪怕他是主要责任人。

其次，管理者要懂人性、通人情，尽量不要公开严厉批评一位下属，这样很容易让对方感觉被羞辱，也会影响团队的士气和员工的自信。你应该尽量私下进行批评，这样可以保护员工的自尊，让他懂得自觉接受批评并反思自己。

批评下属时可以采用"汉堡模式"，先给下属一个整体的正面的肯定（类似汉堡顶部的面包），这样有助于建立一种正面积极的对话氛围，而且可以让对方感觉到自己的努力被认可和尊重。例如，你可以说："我真的很欣赏你对这个项目的热情和你投入的时间。"

提供了积极反馈之后，接下来是核心部分（类似汉堡中间的肉饼），即直接但礼貌地指出下属需要改进的地方。在这一部分，重要的是做到具体、明确且客观地进行批评。这应该是沟通中的主要内容，例如："不过，我注意到你在这个项目上出现了一些错误，导致最后的结果令人遗憾。"

请注意，批评下属的目的不是责备你的下属有多么不好，而是为了解决问题、避免再犯错误，所以批评一定要明确具体、就事论事，让对方明白他是因为什么而被批评。而且，批评的同时也要给下属发表意见的机会，一起分析问题产生的原因，找出妥善的解决办法，并且讨论以后如何避免再犯这类错误。

在实质性的批评过后，管理者可以用一条积极的评论语来结束对话（类似汉堡底部的面包）。这有助于调动受批评者的积极性，让他感觉到尽管自己存在需要改进的地方，但自己的工作仍然得到了肯定。可以提供一些激励的话语或是展望未来的期待，例如："我相信通过调整工作方法，你会表现得更加出色。你觉得呢？"

记住，你跟下属之间没有个人仇恨，所以不要对他进行人身攻击。像"你是不是很懒""我看你这个人这辈子也就这样了"之类的话，会让双方的关系瞬间变得对立，对沟通毫无益处。

最后，管理者在批评下属时，也要因人而异。如果下属性格火暴，你就一定要避免用激烈的言辞刺激对方；如果下属性格内向，自尊心非常强且工作表现一直出色，就可以轻描淡写、心平气和地谈论问题，必要时给予适当的安慰；对于特别爱面子、心服口不服、不肯承认错误的员工，就不必非要死抓着问题不放，而是留待以后观察他的行动；等等。

总而言之，让我们记住爱默生的一句话："批评不应该是一味抱怨、全盘贬斥，或者全是无情攻击和彻底否定，而应该具有指导性、建设性和鼓舞性，要吹南风，不要吹东风。"

聪明的奖励，能让下属更卖力

说完了批评下属的分寸，让我们再来说说管理中的奖励技巧。

从奖励产生的那一天起，作为管理激励的重要手段之一，它就对人们的某些良好行为起着积极作用。行为之前的引导与行为之后的反馈中给予奖励激励，能鼓励人们保持某种积极行为。如果运用得当，它可以充分调动起员工自我完善、不断进取的积极性。

当我们谈到激励时，不可能回避待遇方面的奖励，它是最有效也是最基本的激励手段。因此，绝大多数管理者都懂得使用这一手段。但奖励也是有技巧和分寸的，如果奖励不合理，可能会起到相反的效果。

在一家国内中型科技公司里，陈杰是一位年轻的项目经理。就在今年，陈杰因在一个重要项目中展现出卓越的技术创新，使公司在竞争激烈的市场中占据了优势,给公司带来了显著的业绩增长。

为了表彰他的贡献,以及激发员工们的积极性,公司老总决定给予陈杰一笔大额奖金,并且额外奖励了他一台最新型号的电动汽车和额外一个月的带薪假期。

一开始，这样的奖励看似是对陈杰努力工作的合理回报，然而，这样大手笔的奖励却在团队内部引起了不小的争议。其他团队成员，包括一些同样为项目成功付出巨大努力的同事，却没有得到类似的重视和奖励。这种不均衡的奖励引起了团队内部成员的不满和嫉妒。

比如李婷，她是一位资深的研发工程师，她在项目中的技术贡献与陈杰不相上下，但她只得到了一小笔奖金和公司的表扬信。李婷和其他几位团队成员感到十分不公平，觉得公司的奖励策略失之偏颇。

这种分寸失衡的奖励方案并没有提升团队的整体士气，反而导致了团队成员间的不信任和相互比较，影响了团队的整体协作与效率。陈杰也感觉到了团队中的异样氛围，他的团队凝聚力明显下降，甚至有几位老员工向上级提出了辞职申请。

显而易见，在上面这个案例中，管理者的激励手段失效了，反而降低了团队成员工作的积极性。这是因为给予陈杰的奖励远远超过了其他同样贡献重要的团队成员。这种巨大的差异在奖励中导致了明显的不公平感，从而引发了团队内的不满和嫉妒。一个有效的奖励体系应当体现出公平性，确保所有关键贡献者都能获得相应的认可和奖励。

管理者要认清一点：在团队导向的工作环境中，个人奖励应当慎重给予，以免破坏团队协作的精神。过分突出个人成就而忽视团队其他成员的贡献，可能会削弱团队的整体动力和合作意愿。

这就提醒我们，管理者在实施奖励政策时，需要对奖励的影响、公平性及其对团队动态的潜在影响有深入的理解和考虑。正确的做法是设计一个综合性的奖励体系，不仅奖励个人成就，也强化团队成果，以及在决策前对各种可能的结果做出全面评估。

除了做到公平性以外，奖励的过程也应该是透明的，让所有员工都能看到哪些行为会被奖励以及为什么被奖励。这不仅可以增加团队的整体动力，还可以帮助其他员工明白如何突出自己的工作表现以获得未来的奖励。

奖励还应该尽量做到即时性。奖励应该紧跟行为的发生，这样的奖励效果最好。当员工完成了一个重要项目，或在面对挑战时展现出出色的能力时，及时的奖励可以增强激励的相关性，增加正面影响。而延迟的奖励可能会减少正面影响，甚至让员工感到不被重视。

除了物质奖励，精神奖励也是一种不容忽视的激励方式。比如公开表扬、在企业内部文件上公开表彰信息、设立荣誉奖项等，都是比较常用的精神奖励方式。精神奖励相较于物质奖励成本较低，但效果可能同样显著，特别是在重视文化和价值观的组织中。

精神奖励所包含的对员工的正面认可，能提高员工的自我价值感，从而增强其对工作的热情和忠诚。而且精神奖励的影响往往比物质奖励更持久，因为它直接关系到员工的情感和职业满足感的增加。

我们给予员工物质奖励，其实也是为了激发其内心的工作热情。不管是物质奖励还是精神奖励，两者都是不可或缺的，但单独运用时效果并不是非常好，因为它不能同时满足员工的生理与心理需要，将两者结合起来才能发挥最佳效果。聪明的管理者，可以以精神奖励为主，物质奖励为辅。

表扬是把"双刃剑"，用不好会产生反作用

面对下属或员工的时候，许多管理者都会怒其不争，他们非常容易关注下属的错误和缺点，而对其优点却视而不见。显然，这种做法对谁都不好。

懂人性、通人情的你一定明白，人人都有虚荣心，都想听恭维话。尽管你明知道那些话里面有水分，事实未必真的是那样，但你依然会倾向于相信别人的赞扬，因为这符合人们内心的需求。

孔子有句话叫"己所不欲，勿施于人"，这句话我们也可以做出这样的解读，"你自己喜欢的、想要的东西，别人应该也喜欢、也想要"。所以，你希望得到赞美、表扬吗？那就推己及人，把它们也送给你的员工吧。

一个有经验的管理者，总会不失时机地把赞扬送给每一位员工。哪怕是简单的几句口头禅，比如"你做得很棒""哦，太好了""是吗？真好"等等，都可以给员工带来一定的荣誉感，让他们心情更愉悦，拥有更高的积极性。

只不过，很多管理者对于赞扬的分寸拿捏得不是很好。诸如赞扬一定要发自内心、要因人而异、要实实在在之类的技巧，我相信很多管理者都懂。但是这里存在一个问题：你在表扬员工时，是当众表扬还是私下称赞？假如在这一点上做得不妥，你的赞扬很有可能适得其反。

有句俗话叫"批评用电话，表扬用喇叭"，很多管理类著作都会教我们要当众赞扬，因为这样可以满足被表扬的员工的虚荣心，可以让他们拥有强烈的进取心和自我认同感。

的确，这样说没错。可是，如果天平的两端分别是一个员工与除他以外的所有员工，你会如何选择？你会为了鼓励一个人的积极性而损伤一群人的积极性吗？孰轻孰重，相信大家自有判断。

一家跨国公司的中国分公司正在举行一次全体会议。王总站在前面,声音洪亮地宣布:"今天,我们特别提到一位表现卓越的中层经理——李明。他上个季度的业绩非常优秀,而且任劳任怨,我们应该以他为榜样。大家说对不对?"

台下掌声雷动,会场充满了正能量的氛围。但在台下,李明的脸上却感觉有些发烫,他低下头,避免与同事们的目光接触。其实李明心里明白,他今天取得的成绩都是团队中每个成员拼命工作的结果,王总这么说有点夸大其词了。

随着掌声渐渐散去，王总继续说道："我建议每位员工都从李明身上学习他的努力和奉献精神，他是我们大家的楷模。"

此时，一个同事小声对另一个同事说："哎，看来以后我们得多拍拍老板的马屁才行。"这话虽轻，但足以让周围几个听到的人脸上露出苦笑。

会议结束后，原本热闹的会场逐渐冷清。李明回到办公室，感受到了明显的变化。原本经常和他有说有笑的同事，不知怎的情绪都变得有些低落，而且开始有意识地回避他了。

在职场上，人的确有这样的心理，如果你的某位同事被大肆表扬时，你可能会觉得那是对你的某种变相的批评：瞧，别人做得那么好，怎么你就那么差呢？这种心态马上会让你对被表扬者产生敌意，并且开始讨厌那个被表扬的人。

所以，有时候，如果管理者在当众表扬员工时处理不当，很可能存在这样一种危险：当我们满足了一个人的虚荣心时，可能同时激发了其他人的嫉妒心，这种做法并没有起到激励团队的作用。

作为一名管理者，倘若你的当众表扬不够妥当，不仅会引发一群人的敌意，连那位被你表扬的人也不会感激你。有些优秀的员工更愿意保持低调，他们不习惯接受当众的表扬，正所谓树大招风，他们担心招致妒忌，让以后的日子不好过。所以，管理者给予他们这样的表扬反而得不偿失。

当然，并不是说管理者不应该当众赞扬下属或员工，这种激励手段本身并没有错，而是要注意使用的时机和对象。

比如对于团队里刚入职的员工，或是平时表现相对比较差的员工来说，他们对受到当众表扬更敏感和乐于接受，所以当众表扬更容易激发他们的进取心。同时，由于这些员工平时表现并不突出，所以当众表扬他们时不容易伤及其他员工的自尊心，也不容易招致嫉妒。

有一位年轻的女员工，虽然她按时上下班，也很少请假，但她的工作效率很低，这让她的主管很头疼。有一次，不知道出于什么原因，她上个月的业绩出现了明显提高，虽然仍低于平均水平，但对她来说已经是很大的进步了。所以在例会上，主管对她进行当众表扬，称赞她的进步。

没想到的是，这次公开的表扬就像是助燃剂一样，点燃了她的工作积极性，她的表现屡屡刷新个人纪录，渐渐赶上并超过了平均水平，称得上是优秀员工了。聪明的主管后来就改为私下表扬她了。

此外，如果表扬的对象是某个团队而不是具体某个人时，当众表扬可以有效避免其他员工产生对比心理，也就可以让当众表扬高效而不危险。比如，某个项目组表现出色，某个小组业绩显著，管理者都可以毫不吝啬自己的溢美之词，要及时、当众进行赞扬。

团队里出现矛盾时，如何有分寸地调解

员工之间，不管是利益冲突，还是处理问题的方式不对，抑或是沟通不畅导致误解，甚至带着个人情绪工作，都很容易产生分歧而出现矛盾。

所以，作为管理者，在日常管理工作中，处理下属之间的矛盾也是难以避免的内容之一。这时候，在闹矛盾的下属之间，你应该扮演什么角色呢？你是否能做到矛盾的双方都满意呢？

首先，如果你是一位管理者，不要一听到下属闹矛盾就感觉焦头烂额。我们虽然不希望下属之间产生分歧和矛盾，但也不必害怕发生这种情况，而是要正视它们并妥善解决。

其次，在解决员工的具体分歧和矛盾时，你要把握好三个基本的原则：一是公正、不偏袒；二是不可听信一面之词，要了解矛盾的真相；三是不可盲从经验，要具体事情具体裁断。

公司新来了一名员工小安，和很多刚刚开始工作的大学生一样，她勤奋好学、待人热情，深得部门主管高经理的赏识。

但有一天，她去办公室找高经理，刚一开口就掉眼泪了。原

来，她和同事闹矛盾了。她的日常工作是为部门的项目组提供保障。这天，公司的规章制度和某个项目组的特殊需要发生冲突了，她坚持按原则办事，由于她本身是一个坦率的人，有话喜欢直说，于是便和项目组的同事琳达发生了冲突。最后，琳达当着众人的面，用很激烈的言辞讽刺她。她觉得自己没有做错，可是却受到这种羞辱，不知道该怎么办。

听完她的诉说，高经理反倒松了口气，因为他知道琳达和小安都是心直口快的人，这种人虽然容易与人发生冲突，但也不难化解冲突。而且，两人今天的争执是因为工作，可以说是就事论事造成的冲突。但比较麻烦的一点是，两人是当众发生冲突的，有众多同事目睹，如果处理不好，有可能让所有下属不满，也会导致两人之间心存芥蒂，敌意更深。

高经理想了一会儿，然后对小安说："你入职以来的工作表现，我都看着眼里。你能对老员工坚持原则，这是非常正确的，我应该对你提出表扬。琳达用言语讽刺你，是她不对，不过我希望你别太介意，同事们都知道她平时说话的风格就比较犀利，并不是针对你才这样的。不过琳达跟你起争执，也是为了工作，不是为了自己。你们俩本身没有矛盾，相反，你们有着共同的目标，都是为了公司好。只是你们各自的立场不同而已。你比她年轻、资历浅，所以我建议你不妨找一个机会，比如谈工作时，借机顺便向琳达示好。这不是一种示弱，而是胸襟度量的体现。你说呢？"

第五章 管理下属时的分寸感:把握好批评,掌握好激励

倾诉完的小安听了高经理的话,情绪好转了很多,便顺水推舟,答应着退出了办公室。

小安离开之后,高经理又把琳达叫进来,先让她陈述了一下事情经过。听到她的陈述和小安并无太大出入后,高经理这样跟她说:"琳达,你为工作据理力争资源,真的非常敬业,我应该对你进行表扬。只是你是老员工了,小安是新人,你应该知道,她必须也只能按制度办事。但你们的出发点都是为了维护咱们公司的利益,有这个前提,就是内部矛盾对不对?小安有什么地方

做得不妥，你要多多帮助，但不要让其他同事觉得你不能容人。你说是不是？"

琳达听了高经理的这番话，也不好意思地说："是我不对，我应该来向您请示，而不是让小安为难。"

事后，琳达和小安两个人握手言和，矛盾就这么解决了。

其实，处理员工之间的矛盾并不像我们想象中那么棘手，只要你对每一位部属的个性、气度、优缺点都了若指掌，并且掌握一定的矛盾处理技巧，就很容易做一个出色的"和事佬"。

当然，在处理员工的矛盾时，作为管理者也应该有分寸感。比如有的下属之间的矛盾并非出于工作原因，而是私人感情。虽然这些情绪会影响工作，但作为管理者也不要轻易介入，可以告诉他们："我不想知道你们因为什么而争执，但在工作中，我要求你们勠力合作，不要让私事影响工作。希望你们清楚。"

另外，在双方情绪都比较激动时，管理者的首要任务不是判断谁对谁错，而是告诉他们你已经受理了这个问题，让他们先冷静下来，随后你会妥善处理。

最后，面对员工的矛盾，管理者应该尽可能置身事外。一方面，站在旁观者的角度，更容易做到客观公平地处理；另一方面，也能避免自己卷入矛盾的旋涡，这样会让矛盾激化、扩大化。所以，在处理矛盾时，管理者一定要避免引火烧身。

第六章

社交应酬中的分寸感：
说话有分寸，交往有底线

生活中,无论是交友,还是求人办事,都离不开社交应酬。社交应酬的水平不仅是沟通水平的体现,也体现了一个人的思维意识,以及把握分寸的能力。那么,如何在社交应酬中做到游刃有余呢?以下这些原则和技巧可以帮到你。

与人交往,话不要说尽

在社交中,过于坦诚的人容易吃亏。智慧之人知道保持分寸。如果你遇到一个聊得来的人,可能一下子就放松了戒备之心,说话毫不保留,甚至把心思全盘托出。

这样有时能结交到挚友,不过,在一些情况下,表达自己的心事可能会让人轻视你,甚至有些人可能会趁机对你不利。因此,在与人交往时,尤其是对于那些你不太了解的人,记住这样一句话:"与人交往,话不要说尽。"这样做可以保护自己,避免不必要的伤害。

在历史上，因为全盘托出自己的想法而自食恶果的案例不在少数，一个较著名的例子是拜占庭帝国的贵族贝利萨留斯。

在拜占庭帝国的宫廷中，将军贝利萨留斯因杰出的军事才能而受到皇帝查士丁尼一世的青睐。不过他并不知道的是，他的妻子安东娜心狠手辣，极度渴望权力。

一天，贝利萨留斯在深夜的灯光下对安东娜透露了他的疑虑："亲爱的，我对皇帝的忠诚受到了考验。这座皇宫是个危险的地方，权力的游戏太过凶险。"安东娜眼中闪过一丝阴谋的光芒，表面上却柔声安慰道："亲爱的，你有我，我会帮你的。"

贝利萨留斯欣慰地点点头，然后毫无保留地把自己的想法全都告诉了安东娜，并且暗示安东娜，如果有机会，他有可能考虑发动政变。

没想到，不久之后，安东娜便打着保护皇帝的名义，将贝利萨留斯的疑虑泄露给了皇帝，实则为了巩固自己的地位和影响力。皇帝感受到了背叛，十分愤怒，将贝利萨留斯贬为平民，剥夺了他所有的荣耀和财产。贝利萨留斯失去了一切，最终独自在贫病中结束了一生。

为什么妻子会背叛丈夫呢？其实，贝利萨留斯和安东娜既是夫妻关系，也是一种同盟关系，两个人都有对权力的不同追求。贝利萨留斯不小心吐露了自己的想法，而被安东娜抓到并利用，变成了她获取权力和地位的筹码。

虽然这个案例相对有些极端，不过，它还是很深刻地提醒了我们一点：不要不假思索，便把你的想法、秘密毫无保留地告诉他人，以免造成不必要的后果。特别是对刚认识没多久的人，就更要注意不要交浅言深。

一天晚上,办公室里同事们基本上都走了,而小敏一人坐在办公桌前发呆,手中的电话还在发出断断续续的嘟嘟声。身后,一只手轻轻帮她挂上电话。"怎么,看起来很不开心?"刚入职没多久的刘小姐问道。

"哦,没什么。"小敏勉强笑了笑,"刘姐,你怎么还没走呢?"

刘小姐慢悠悠地坐下,声音里带着一丝无奈:"我回去也没什么事,宁愿在这儿。"

聊了一会儿,两人发现彼此都有着相似的孤独感。最终小敏提议道:"要不,一起去吃个晚饭吧?今天是我的生日。"

吃饭的时候,小敏还总是唉声叹气,刘小姐看到了,淡淡地一笑说:"我的生日,也常是这样过的。他,总有事,总是突然打个电话说抱歉,害我对着一桌做好的菜,和插好的蜡烛,掉眼泪……唉!有什么办法?跟别人分……"

听完刘小姐的话,小敏瞬间泪如雨下,她遇到了一个和自己有相同境遇的人。刘小姐见此赶紧问:"怎么了,小敏?是不是我说错什么了?"

小敏用纸巾擦拭掉了眼泪,开始向刘小姐倾诉自己的心事。原来,她爱上了一位有妇之夫。说完,她感觉到自己的心一下子轻松多了,她感到自己不再那么孤独。

这场意外的倾诉,让小敏觉得自己终于找到了知音。然而,好景不长,公司里的同事们开始对小敏投来奇怪的目光,电话一响就好像有十几双眼睛在盯着。

　　终于,办公室里另一位好心的大姐悄悄告诉小敏:"唉,小敏,你的事,大家都知道了。你说说,我们相识这么多年了,你都不说,你非告诉那个新来的,现在,你的私事已经是公开的秘密了。以后长点心吧。"

小敏气愤地找到刘小姐，质问她为何泄露秘密。刘小姐轻描淡写地回应："唉，就聊聊天而已。我编那个故事不也是为了让你开心点吗？"

这时小敏才恍然大悟，自己真诚的倾诉换来的不是理解和共鸣，而是别有用心的利用和背叛。这一课让她深深明白，在交往中失去了分寸，就会让别人利用自己。

和人初次见面或才见过几次面，就算你觉得这个人不错，也不该把你的心里话一下子就掏出来。对还不了解的人，无论说话或做事都要有所保留。人性比你想象的要复杂，你若一下子就对对方掏心掏肺，很容易上当受骗。小敏不就是活生生的例子吗？

在社交应酬中，你一定要懂得有所保留，除了你的亲人，即使是关系再近的人，也不要把你心里的秘密随便说出来，如果是职场上的同事、商场中的客户，就更要注意做到"有所说，有所不说"了。

不在别人失意时多说自己的得意事

没有一个人的人生是一条直线。在成长的道路上，每个人一定有成功也有失败，就像道路有高峰也有低谷。一个人不会永远得意，也不会永远失意。有的人，也许是老天多给了他一些眷顾，也许是他确实有过人之处，生活中的得意之时会多一些。

不过在这些人中，有些人总喜欢把得意挂在嘴边，喜欢向别人夸夸其谈，但往往这样的炫耀并不会让人心生羡慕，相反则让人心生厌恶。

有一位母亲，她的儿子在哈佛大学读了MBA，毕业后在一家知名金融机构工作，月入数万元。对于一个普通家庭来说，这样的儿子无疑是父母巨大的骄傲。

每逢亲朋好友聚会，或是在小区里遇见要好的邻居，这位母亲总是滔滔不绝地谈论她儿子："你们知道吗，我那小子现在在一家大公司里上班，一个月可真不少挣。"她的眼睛里闪烁着无比的自豪和喜悦。

但一段时间后，原本亲切的朋友圈子开始疏远她。茶余饭后，她发现自己越来越孤单，朋友们不再像以前那样热情。这让她感到困惑和伤心，不明白是哪里出了问题。

儿子回来了，了解到母亲的忧虑，他坐下来轻声对她说："妈，我知道您为我感到骄傲，我也很感激您。但您想过没有，每次您在大庭广众下夸我，可能会让其他人感觉不太舒服，尤其是您那些孩子工作不是特别理想的朋友。您说是不是？"

母亲听了，恍然大悟，她意识到自己可能伤害了别人的感情。从那以后，她开始收敛她对儿子的夸奖，转而关注朋友们的生活和感受。当别人询问她儿子的情况时，她只是微笑着回答："他挺好的，一切顺利。"逐渐地，她的朋友们感受到了她的变化，又重新对她亲近起来。

这次经历给了她一个宝贵的教训：在分享自己的喜悦时，也要考虑听者的感受。人与人之间的和谐有时候就藏在这分寸之间。

在社交场合中，过分夸耀自己的成就或得意的事情，可能会使他人感到不适。你的成功和得意，可能无意中衬托出了他们的不足，甚至让人误以为你在暗讽他们的不足。如果这种行为持续下去，你和他人的关系可能会逐渐变得冷淡和疏远。

而有分寸感的人，即使自己取得成功了，或是发生了让自己得意的事情，也会尽量在别人面前保持低调和谦逊，因为他们懂得只有这样做，才能避免让对方产生妒忌的心理，才能更好地维护人际关系。

小王和小李是同一家公司的同事，两个人平时关系不错。在一次内部提拔中，他们都被选为晋升的候选人，但最终只有小王得到了晋升。虽然这是一个值得庆祝的好消息，但小王知道小李也竞争了这个位置，心中难免有些过意不去。

一个多月后，小王和小李以及几个共同的好友一起聚餐。席间气氛轻松愉快，酒足饭饱之际，一位不知内情的朋友问起小王在公司的情况，尤其是是否有什么新的职务变动。小王心中一动，脑海里闪过了一丝得意，他差点就要滔滔不绝地分享自己的升职喜讯，但他忽然瞥见坐在旁边的小李，表情中难掩的失落让他收敛了心情。

小王微微一笑，语气淡然地回答说："哦，也没什么太大变动，公司给了我一个新的职位，可能比之前的工作更有挑战性。"他故意没有细说，更没有提及小李也是候选人的事实。

饭后，小王回家和母亲聊起了这件事。他的母亲听后，对他的做法深表赞同："你做得很对，孩子。如果你当着小李的面大谈特谈自己的升职，他肯定会觉得你在炫耀。而且，让这么多人知道小李没晋升的事情，他得多尴尬啊。你这件事做得很好，也保护了你和小李之间的友情。"

小王听后更加确认了自己的选择是正确的，他感激母亲的智慧教诲，更加珍惜和同事之间的和谐关系。这次聚会虽小，却让他深刻体会到在职场和社交场合中，"说"和"不说"真是一门关于分寸的艺术。

　　在朋友面前,更忌多谈自己的得意之事,特别是在与朋友的竞争中取胜的时候。人都是有自尊心的,如果这时你说出自己的得意之事,无疑是在朋友失意的伤口上撒一把盐。

　　夸耀自己和自我表扬并不会为我们赢得好的机会,只会断送我们的前程。因为一个喜欢标榜自己的人,容易失去别人的信任,不仅让人怀疑你的能力,更重要的是你的品德和灵魂也会受到批评。

在生活中喜欢标榜自己的人，也会因此失去朋友。因为没有人喜欢和一个爱自我表扬的人在一起。所以，当你已经得到了荣誉的垂青，一定要记住不能太沾沾自喜，更不要喜形于色。你要学会将自己的得意放在心里，谦逊地向对手表达敬意，这样才能赢得别人的尊敬和喜爱。

著名演员英格丽·褒曼曾经获得过两届奥斯卡的最佳女主角奖。后来，又因为在《东方快车谋杀案》中的出色表演而获得最佳女配角奖。1975年的颁奖典礼上，褒曼并没有对自己的成绩进行夸耀，而是赞扬与她角逐同一奖项的另一位女演员瓦伦蒂娜·科特斯，认为真正获奖的应该是对方。褒曼真诚地说："原谅我，我事先真的没有打算拿奖。"

褒曼对自己的成就只字不提，相反，却对自己的竞争对手赞赏有加，这样做不仅维护了落选对手的面子，而且彰显出她的优雅与低调。相信无论谁是对手，都一定会非常感激她，把她当作知心的朋友。

一个人能在风光得意时仍保持一颗谦逊的心，对自己的对手表达赞扬和肯定，实在是一种不可多得的气度。

人在得意之时，难免想把自己的喜悦与别人分享，这本来无可厚非。但是在谈得意之事时，一定要看场合和对象，特别是要注意不要在失意的人面前谈。人失意之时最脆弱，也最容易多心，你谈论自己的得意事在他看来可能带有讽刺和嘲弄他的味道，这会让他更加受挫。

沟通时要留有余地

谈话中留一线，日后好相见。在沟通时，总该留点余地，不仅为自己预留退路，也给对方足够的尊重。毕竟，面子对很多人来说宛如无形的财富。聪明的说话艺术在于，即便在最激烈的辩论中，也能巧妙地给对手留下体面，从而达到说服的目的。

当你让别人下不了台时，你可能只是在那一瞬间赢了局面，但从长远来看可能失去了一个朋友或一个合作伙伴。学会在关键时刻给别人"台阶下"，是高超的沟通技巧的体现，这不仅能缓和矛盾，还可以因此赢得人心。

懂分寸的人总是懂得如何在对话中给对方留余地，让对方有机会保全面子。这不是愚蠢，而是一种深思熟虑的智慧。面对可能的尴尬，他们会巧妙地构建一个场景，让对方能够自然地从错误中回退，而不是被逼到角落里无路可逃。

例如，他们可能会说："我完全理解你的看法，那时候的你可能还没有掌握全貌，换作谁都可能会这么认为。"或者是说："其实我一开始也是这么想的,但后来当我获得了更多信息后,我意识到自己之前可能误解了。"这样的表达,不仅避免了正面冲突,还体现了一种包容与理解,使对话能够在轻松和谐的氛围中继续进行。

下课铃声响起,一名女生急切地向老师报告,她的黑色派克钢笔不见了,那是她爸爸刚送给她的生日礼物。老师环顾全班,注意到一个男生神色紧张、面带惊慌,于是心里就明白了个八九不离十。

这位老师没有当面指出,而是平静地对全班说:"可能有人不小心拿错了这支钢笔。这种黑色钢笔很常见,大家有空看看自己的文具盒,如果发现多出来的钢笔,请悄悄放回原位。"

放学之后,当教室里其他同学都回家之后,那位神色紧张的男生悄悄将一支黑色钢笔放回了失主的桌斗里。

第二天,当女生发现钢笔回来时,兴奋地告诉老师:"老师,我的钢笔回来了!您真了不起!"

老师微笑着说:"总有解决问题的办法。关键是我们需要给别人一个改正错误的机会。"这件事让全班同学对老师的智慧和包容印象深刻,同时也教给了学生们一个关于宽容和理解的道理。

这位睿智的老师通过给学生一个"自行纠错"的机会,成功地避免了直接冲突和指责,这种方法不仅保护了学生的自尊心,也避免了犯错学生羞辱感和负面情绪的产生。

在生活中,我们可以学习这位老师的这种"看穿不揭穿"的做法,通过暗示或委婉的表达,给对方一个台阶下,这样不仅双方的面子都能顾全,还能把问题解决了。

在繁忙的百货商店里,一位女售货员正在面对一位顾客的抱怨。这位顾客拿着一件精美的外衣,不满地说道:"我真的没穿过这件衣服,但我丈夫说它不合适,我想退货。"

女售货员接过那件外衣,轻轻地检查了一番,发现了干洗的痕迹。她心里明白,如果直接指出这件衣服明显被穿过,可能会让顾客感到尴尬甚至愤怒,就更不会承认了自己穿过了。

于是,她笑着说:"我跟您说啊,我曾经也有一件新衣服,但尺寸不合适,本来想退货的,但我丈夫没注意,把它当成脏衣服送去洗了,结果把标签给洗掉了。我不知道是不是您家里人也误把这件衣服给洗了呢?因为这件衣服的确看得出已经被洗过的明显痕迹。不信的话,您可以跟其他衣服比一比。"

顾客听了这话,脸上的表情没那么紧张了:"啊,有可能吧,我们家那位有时候真的很粗心。"她接过衣服,又看了看,仿佛在寻找干洗的痕迹。

女售货员继续说:"其实我觉得这件衣服挺适合您的,有时候我们就是刚穿上,可能还不太适应,所以觉得不合适。您觉得呢?"

顾客笑着点头,感谢女售货员的理解和建议,然后带着衣服离开了。

这个案例中,女售货员巧妙地避免了冲突,给了这位顾客一个台阶下，让她不仅没有损伤颜面，同时也解决了问题。试想一下，如果女售货员心直口快地直接说："你以为我看不出吗？这衣服就是洗过的！"那结果可能会升级为一场冲突。

我们每天都在与各式各样的人打交道，由于人们的个性、当时的情绪和生活背景千差万别，人与人之间不可避免地会遇到一些摩擦和冲突。这些摩擦和冲突可能只是因为说的某一句话欠考虑，或是一次服务没有做到位。

人人都有不顺的时刻，都会说错话或做错事。这时候，如果我们能以宽容的心对待对方的小错误，给他们一个温柔的台阶下，不仅能保持和谐的人际关系，还能让对方有机会反思和改正。

这种做法不仅是一种把握分寸的智慧，也是一种高尚的人格魅力的体现。所以，下次当你遇到类似情况时，试试看把对方的小过失当作一场戏，轻轻地帮他拉上那幕布，让所有人都能优雅地转身，笑着走向下一个场景。

坚守底线，懂得巧妙地说"不"

在与人社交和应酬的过程中，你应该时刻牢记自己的底线，这是维护个人尊严和原则的关键。底线不仅是你的个人界限，更是对他人的明确信号，表明你所尊重的价值观和你不可逾越的界限。

社交场合充满了各种各样的诱惑和挑战，从简单的一次聚餐到复杂的商务谈判，每一种场合都可能会测试你的底线。例如，在一次商业晚宴中，可能会有人试图说服你做出不符合职业道德的决定，或在一次休闲聚会中，朋友可能会鼓励你过度饮酒。在这些情况下，你应该坚守自己的底线，不要随意答应别人。

如果随便打破自己的底线，你可能会遭受严重的后果。一方面，你会逐渐失去自我尊重和别人对你的尊重。而另一方面，一旦人们意识到你的界限容易被推动或改变，他们可能会利用这一点，从而让你处于更加不利的位置。

李然是在一家知名茶油食品公司的经理，他的专业技能很出色，工作也很努力，深受领导的赏识。不过，李然有个非常大的问题，就是容易打破自己的底线。

李然的部门经常需要与客户进行晚宴交流，酒桌上经常有客户提出喝酒的要求，作为主要的业务接洽人，李然经常因为想要维护好客户而不敢拒绝对方的要求。尽管他本人对酒精过敏，但为了业务需要，他也常常强迫自己参与其中。

一次，公司为了庆祝与一家大客户达成合作协议，组织了一次大型的庆功晚宴。晚宴上，客户提出要与李然进行几轮酒局，以示庆祝。在同事的怂恿下,李然没有坚持自己的底线,不仅喝得过多,还在酒精的影响下在晚宴上失态,说出了公司一些不应公开的商业秘密。

消息很快传遍了整个行业,李然因此失去了公司的信任,也影响了公司的商业信誉。公司高层对此极为不满,认为李然的行为严重违反了职业操守,不得不对他做出解雇处理。

李然的失败能带给我们这样一个启示：无论是在社交还是在职业环境中，坚守自己的底线不仅是一种保护自己的方式，也是维护整个职业生态健康和可持续发展的重要行为。这需要你有坚定的自我认知和强烈的分寸感，以及在面对各种挑战时的冷静和智慧。

在社交应酬中，很多人特别是内心比较柔软、涉世未深的人，在遇到别人的请求或要求时，总是不懂如何拒绝。这其实也有点违背自己的底线。

比如刚入职场的新人，为了尽快得到领导和同事的认同，总会尽量帮别人做更多的事，对于别人要求的事情，即使不合理，自己心里不愿意做，可嘴上还是不会拒绝。久而久之，你就会发现总有做不完的工作似的，而且工作效率更低了。

所以，当别人让你做一些你做不来、做不好、做不完，或是违背你底线的事情的时候，你要懂得拒绝。不过拒绝别人也是有技巧的，如果你拒绝别人的方式不得当，难免会引起不必要的误解或冲突。你要学会如何优雅地说"不"，让拒绝变成一种维护自己界限同时又不伤害别人的艺术。

首先，当你需要拒绝别人时，尽量保持语气温和但坚定。你可以采用一些委婉的表达方式，相较于直接拒绝，它更容易被人接受，因为它更大程度地顾全了被拒绝者的尊严。

一位年轻的男士想追求公司里一位女同事,趁着这位女同事生日到来之际,他悄悄送给这位女同事一盒精美的内衣作为礼物。

女同事打开礼物后有些惊讶,毕竟内衣作为礼物颇为敏感。她微微一笑,巧妙地回应道:"哇,这真的很漂亮,你的品位不错。不过,你知道吗,我男朋友刚给我买了好几件类似的。我觉得这套更适合送给特别的人,比如你的女朋友,她一定会喜欢这份心思的。"

男士听了有点尴尬,但也领会到了女同事的暗示,他赶忙道歉:"真抱歉,真抱歉,我没有考虑周全。谢谢你这么体贴和直接,下次我会更加注意礼物的选择。"

这样的处理不仅化解了尴尬的局面,还维护了双方的尊严和友好关系。这位女同事的机智和婉转,让这个小插曲以和谐的方式收场。

除了委婉地拒绝,你还可以通过给出合理的理由来拒绝对方。你不需要编造复杂的借口,只需简单真实地解释为什么你不能接受这个请求。例如:"我最近的工作负担已经非常重了,再加上这个任务,我担心无法保证质量地完成。"这样的解释既表明了你的实际困难,也显示了你对工作质量的重视。

此外,如果有可能,你还可以提供一个替代方案。这不仅表现出你的合作精神,也能帮助缓解由拒绝而给对方带来的负面情绪。比如说:"我最近家事缠身,真是心有余而力不足啊。对了,你为什么不找老赵?他在这方面比我更有经验,或许他可以帮忙。当然了,你别说是我告诉你的。"

通过这样的方式拒绝,你不仅坚持了自己的底线、保留了工作精力,还能维持良好的人际关系,避免不必要的尴尬或冲突。

总之,拒绝是一门需要技巧的社交艺术,有很多值得我们学习的地方。如果不注意对方的感受,生硬地拒绝别人,显然会对你的人际关系不利。最重要的是我们要坚守自己的底线,当你需要拒绝别人的时候,不要犹豫,只需要把握好分寸就可以了。

凡事适可而止,热情过度会招来厌烦

我们都知道待人接物要尽量热情,因为你的热情能够给对方留下很好的印象,让对方有一种被尊重的感觉,这会对你们之间的人际关系起到积极的影响。

在不同层面的社交应酬中,热情如同调味品,恰到好处可以使人际交往变得更加甜美;但热情不足或过度热情,却有可能会

让事情变得尴尬。理解并掌握社交中的"热情分寸",是成功人士的重要技能。

首先,我们要认识到热情是一种能量的表现,它能让人感受到你的积极和友好。在任何社交场合中,适当地微笑、真诚地问候和关切地询问都是展示热情的好方式。这些小动作不仅能让对方感到舒适和受欢迎,还能建立起良好的第一印象。

想象一下,你所居住的社区里有两间装修风格相似的咖啡馆,做咖啡的水平也十分接近,区别在于服务生的态度。

左边这家咖啡馆的服务生,总是面带微笑。每次当你走进去,你总能听到他温暖的问候:"早上好!欢迎光临!今天想尝试一些新口味的咖啡吗?"服务生的话语不仅礼貌,更显示出真诚和关怀。他们总是乐意聆听你的需求,哪怕只是一个简单的咖啡偏好。

相比之下,右边的这家咖啡馆虽然咖啡同样美味,但服务生总是显得冷淡,他们可能只是机械地问:"您想喝点什么?"然后迅速为你准备好,没有多余的交流。这种冷淡的服务虽然不至于让你感到不快,但也难以给你留下深刻的印象。

那么,对于你来说,你会选择去哪家咖啡馆呢?显而易见,你肯定更愿意光顾左边的那家咖啡馆,对不对?在那里,你不仅品尝了咖啡,更收获了对方的热情和被重视与关怀的感觉。而那家服务态度冷淡的咖啡馆,你可能会在匆忙中选择它,但它绝不会成为你想要花时间停留的地方。

这就是热情的力量。它不仅可以让社交场合更加融洽，还能在竞争激烈的商业环境中为一个品牌赢得忠实的客户。通过一个简单的微笑和真诚的关怀，你可以让周围的人感到快乐，也为自己赢得尊重，何乐而不为呢？

所以，在社交应酬的过程中，如果你想赢得更多的尊重和喜爱，那么就不要吝惜你的热情。当然，这里的热情应该是真诚的、发自内心的，因为虚假的热情是很容易被别人看穿的，且会让人感觉到虚伪和矫揉造作。

不过，待人热情固然好，但若无节制，就可能引发对方的反感。例如，过于频繁的身体接触，如拥抱或者拍肩，或者在不熟悉的人面前过度分享个人信息，都可能使对方感到不自在。在这种情况下，热情不再是社交的助力，反而成了一种负担。

要有效地掌握热情的分寸，首先要学会观察对方的反应。如果对方对你的热情有所回应，可以适当多释放你的热情；如果对方显得有些退缩或表情僵硬，这时就应该适当放慢节奏，克制过度热情。

在一个小镇的图书馆里，有位名叫艾伦的图书管理员，他是一个非常热情的人，总是渴望帮助每一个走进图书馆的访客。艾伦的热情让他在镇上有了"超级助手"的美名。

有一天,苏珊——一位新搬来的居民,第一次走进图书馆寻找一些地方历史的书籍。艾伦立刻迎了上去,热情地问候,并开始给苏珊推荐各种各样的书籍,从历史到小说,再到厨艺书籍,几乎没给苏珊插嘴的机会。

"好的，好的，你忙你的吧。"尽管苏珊反复暗示艾伦她想自己安静地寻找想看的图书，但艾伦却没有注意到这些细节，依旧热情洋溢地介绍着哪些书好、哪些书毫无阅读性。

虽然艾伦只是想展示他的知识和帮助苏珊找到最好的资源，但他的过度热情让苏珊感受到了压迫感。当艾伦搬来一大堆他认为苏珊会感兴趣的书时，苏珊终于忍不住说："艾伦，真的非常感谢你的帮助，但我更希望自己慢慢看看，享受寻找书籍的过程。"

艾伦这才意识到，他的热情虽然出于好意，却让苏珊感觉在被迫接受他的选择，没有了自己浏览和选择的空间。从那以后，艾伦学会了适时地提供热情的帮助，让访客们有更多的个人空间去探索图书馆，而不是过度介入他们的选择过程。

艾伦的初衷无疑是好的，他希望通过自己的知识和热情为图书馆的访客提供帮助。然而，他没有意识到过度的热情同样会成为一种负担，甚至是一种干扰。

总之，社交中的热情需要适度。掌握好这一点，你的人际交往将更加顺畅，你的社交圈也将更加宽广。懂得在热情与克制之间找到平衡，是每一个渴望成功的社交者应学习的艺术。

面对不好回答的问题时，试试使用模糊性的语言

就语言本身而言，表达越准确、清晰、明了越好，然而在实际的社交应酬中，我们有时却不便把话说得太明确，甚至也不需要表达得十分精确，把话说得太明白反而会把自己推向被动的尴尬境地。

比如说有人求你办件事，其实你也没有足够的把握，这个时候你不要说："好的，给我三天时间。"因为一旦你没办到，这样的承诺对双方都会产生负面影响。这时，倒不如含糊其词地说："好的，我会尽力，但不一定能搞定。"这样说，你既没有承诺自己能办到，也没有直接拒绝别人，还能带给别人一种你很热心的感觉。

很多时候，语义要求过于明晰和精确，反而会使交际无法进行下去。比如要表达"张三很胖"这个意思，如果追求语言的精准，那么体重达到多少千克才可以称得上胖？我们很难给出明确的界定。如果体重达到90千克就算胖，那么80.9千克就不行。所以说，在某种意义上，模糊性的语言是保证交际得以顺利进行的重要前提。

特别是，当我们在社交过程中遇到一些不好回答的问题时，使用模糊性的语言往往能起到避免尴尬的效果。

一年，我国知名作家蒋子龙赴美国洛杉矶参加了一场中美作家会议。在一次宴会上，美国诗人艾伦·金斯伯格向蒋子龙提出了一个古怪的谜题：把一只重2.5千克的鸡装进一个只能装2千克水的瓶子里，用什么方法能把它取出来？

蒋子龙略微思索了一下，微笑着回答："你用什么方法放进去，我就用什么方法拿出来。"

这个小案例充分体现了模糊性的语言的妙用。金斯伯格提出的谜题看似无解，因为现实中不太可能把一只重2.5千克的鸡装进一个只能装2千克水的瓶子里。所以蒋子龙的回答没有直接解决这个矛盾，而是巧妙地绕开了谜题的限制，用模糊性的语言回应："你用什么方法放进去，我就用什么方法拿出来。"

这种回答既不正面解释如何放进去，也不正面解释如何拿出来，但却在逻辑上无懈可击，巧妙地以模糊和灵活的语言回应了一个看似难以回答的问题，既避免了回答不上来的尴尬，还展现出语言的幽默和智慧。

除了避免尴尬，我们还需要注意到在一些场合中，有些话是不能太直白和精准地说出的。比如在外交场合、商业谈判、电视访谈等场合下，合理地使用模糊性的语言，既不得罪对方，又能大方回答对方的问题，不失为一种高级的策略。

在 1986 年墨西哥世界杯上，阿根廷和英格兰的激烈对决吸引了全世界的目光。马拉多纳，这位足球界的传奇人物，制造了一个至今仍被热议的瞬间。比赛中，他用一种几乎让人难以察觉的方式，将球"用手"送入了英格兰的网窝——这个动作被称为"上帝之手"。

赛后，记者们围着这位足球巨星，纷纷追问他这个进球的合法性。在闪光灯的簇拥下，马拉多纳微笑着对记者说："是的，那个球确实很特别。你们可以说，一半是我的头球，另一半则是上帝的手。"这种既幽默又机智的回答，让在场的记者们一时哑口无言，同时也让球迷们对这位球星的聪明才智赞叹不已。

这个回答不仅展示了马拉多纳的个人魅力，也用含糊的话语巧妙地缓解了比赛中的争议，让这位足球巨星在风波中显得更加风度翩翩。含糊其词地回答对方的问题，看似简单，却也是一门学问，如果掌握得当，可以在很多种情况中运用。

比如，生活中你可能也有这样的经历：当你向别人提出一些要求时，对方既不立刻同意，也不马上反对，而是与你耐心地谈论一些与主题有关但又含混的话题，整个对话就像笼罩在一团烟雾之中，最后你都不明白自己是怎样被拒绝的。所以，当你需要拒绝一个人又不想得罪对方时，也可以试试这样的策略。

除了拒绝别人,我们在面对一些突发事情需要表态时,也可以使用模糊性的语言,也就是我们常常说的"外交字眼"。比如:"我们注意到了……事态的发展。""注意到了"只表示"知道了",但并未点明自己的观点,也没有说要采取哪些行动或措施来针对突发情况。

模糊性的语言还可以用在企业管理中。比如一位公司的高管为了纠正某些员工的工作态度,又不想指名道姓地当众批评,便使用模糊性的语言:"最近几个月,咱们公司员工的整体工作纪律是很好的,绝大多数人都比较自觉,不过呢,也有极个别的人表现比较差,如果再这样,我可能会主动请他离开。"

你看,这位管理者使用了一些模糊性的语言,如"最近几个月""绝大多数""极个别"等,他并没有指名道姓,但言语中又不失严厉,既顾全了别人的面子,又起到了批评的效果。这个分寸是不是拿捏得很到位?

不可随意轻信人,也不要完全不信人

一位父亲在家里搭建了一个不高的小台子,台子下面摆上了厚厚的垫子,并鼓励孩子从上面跳下来。

孩子站在台子上,下面只有不到一米的距离,但对于他来说，这仿佛是跳下悬崖。孩子紧张地看着父亲，父亲微笑着伸开双臂说："跳吧，别怕。"

孩子以为父亲会接住自己，鼓起勇气，闭上眼一跳，却意外地落在了软垫上，而不是父亲的怀抱里。孩子有些困惑也有些委屈，抬头看着父亲。父亲轻轻地蹲下来，目光柔和地说："在这个世界上，你不能盲目相信你所看到的，最重要的是要相信你自己。"

一段时间后，父亲又增高了台子，再次让孩子跳下。这次，孩子犹豫了，摇头说："我不跳，我怕摔。"父亲再次伸开双臂："别怕，爸爸在这里接着你。"孩子回想起上次的教训，小心翼翼地说："但是你告诉我只能相信自己。"

父亲微笑着，眼中闪烁着信任的光芒："你应该相信我，因为我是你的父亲，我永远不会让你受伤。"

孩子深吸一口气，鼓起勇气，再次从更高的台子上跳了下来。这次，父亲稳稳地接住了他。孩子感到了前所未有的安全感和温暖。

父亲抱着孩子，轻声说："孩子，当你遇到危险时，即使没有别人能帮你，你别忘了还有你的父亲和母亲。另外，我想告诉你的是，要相信自己，不要轻易相信别人，但是也不能完全不信任任何人，这个世界上还是有人值得你相信的。"

这个温暖的故事蕴含着一个朴素的道理：在人与人交往的过程中，我们既不能完全相信别人，也不能不相信任何人。信任是人际关系中的核心元素，它是人与人之间建立联结的桥梁。然而，盲目信任别人或完全不信任别人，都会带来不同的问题。

首先，如果盲目地信任别人，特别是非亲非故的人，可能会被别人利用，给自己带来损失。生活中盲目信任别人很容易上当受骗，给自己带来损失。而在商业应酬上，如果轻信别人，后果可能就是直接的经济损失了。

年轻的张先生是一家小型进出口公司的老板，由于业务需要，他经常需要与国外的供应商打交道。在一次国际贸易展览会上，张先生结识了一位自称是大型果品供应商的迈克尔先生。迈克尔风度翩翩、谈吐不俗，他向张先生展示了一些看似非常专业的商业文件和丰富的货源照片，保证能以极具竞争力的价格提供高品质的果品。

张先生一时被迈克尔的热情和专业打动，加之迈克尔提出的条件非常诱人，他未进行深入调查便急于签订了一笔大订单，并支付了大额的预付款。然而，当预订的货物交付日期一拖再拖，迈克尔开始变得难以联系时，张先生才意识到问题的严重性。

数周后，经过多方努力联系，迈克尔终于出现了，却以各种借口要求更多的支付，理由是运输和税务费用意外增加。这时，张先生才恍然大悟，开始对迈克尔进行更深入的调查，结果发现迈克尔根本就是一个骗子，其所谓的公司只不过是一个临时搭建的幌子。

损失惨重的张先生这回长了个教训：生意场上的盲目信任，往往会导致严重的金钱损失和商誉损害。他在随后的业务中变得更加谨慎，始终坚持对合作伙伴进行严格的背景调查，从而避免了类似的事件再次发生。

在任何商业活动中，盲目信任对方不仅可能带来财务损失，还可能危及整个企业的生存。在建立合作关系时，必须进行全面而详尽的调查，以确保对方的可靠性和信誉度。

盲目地信任别人可能会让你置身危险之中，那么如果完全不信任任何人，是否就是一种明智的做法呢？其实也不是。法兰西第一皇帝拿破仑的失败，其实就与对身边人缺乏足够的信任有关。

在法国历史上，拿破仑·波拿巴是一个传奇的存在，他的雄心壮志几乎让他成为欧洲的主宰。然而，就像许多伟大的故事中的反转一样，拿破仑的崛起与坠落同样充满戏剧性。

拿破仑总是坐在他的战略室里，地图前铺满了欧洲各国的地图，他的眼中闪烁着征服的光芒。而他的左右，是一群忠诚的将军和顾问，跟随他到处征战很多年。

但随着时间的流逝，拿破仑的眉头越皱越紧。他开始怀疑这些曾经的亲信，担心他们会背叛他，或者不够效忠，甚至开始在背后密谋发动政变。拿破仑对身边这些老臣的不信任感与日俱增。

在入侵俄国的计划上，这种不信任达到了顶峰。拿破仑忽视了他的顾问们的警告，坚持自己的战略，结果导致了军队在俄国的严寒中遭受重大损失。当他的军队深陷俄国冰天雪地之中，拿破仑仍旧坚信自己的决策是正确的，他对周围人的不信任让他拒绝听从任何退兵的建议。

最终，当拿破仑孤军奋战回到法国时，他发现自己不再是那个受人爱戴的皇帝，而是一个孤立无援的失败者。他的帝国因为他的不信任而土崩瓦解，他自己也被流放到了圣赫勒拿岛。

在那里，拿破仑有很多时间反思自己的过错，但最终他意识到，是他的不信任让他失去了一切。他曾经说过："从高处跌落，不是因为我不够强大，而是因为我太孤独。"这句话后来成了许多关于权力和信任的讨论中经常被引用的警句。

正如拿破仑所感悟的那样，如果我们对身边的人总是抱有不信任的态度，甚至充满了猜疑，那样不仅会影响我们自己的情绪，而且也会影响人际关系的和谐发展。

没有人是一座孤岛，不信任别人会拉大人与人之间的距离。如果一个人始终无法对他人表现出信任，他可能逐渐被社交圈边缘化，并最终走向孤立无援的境地。

不信任别人还会导致你错失机遇。这是因为信任是建立合作与友谊的基石，在职场或个人生活中，不信任别人可能导致错过合作机会，因为合作往往需要双方的互信作为前提。

所以，在人际社交活动中，我们既不能完全轻信别人，但同时也要给予熟悉的朋友、同事足够的信任。当然，这种信任是在你坚守底线，并且在沟通中把握好分寸感的基础上给予对方的。相信你经过不断的观察与思考，一定能做得更好。

第七章

为人处世中的分寸感：
不钻牛角尖，做事懂取舍

在为人处世的艺术中，分寸感至关重要，懂得变通可以让我们更灵活地应对各种情况，避免不必要的冲突，让自己更为主动；而合理的取舍，则有助于我们集中资源和精力，专注于真正重要的事情。

遇事不钻牛角尖，固执己见要不得

有一则脑筋急转弯很有意思："一个人要进屋子，但怎么也拉不开门，这是为什么呢？"答案是：因为那扇门是要推开的。

生活中，我们有时也像只知道拉门不知道推门的那个人一样，在一些问题上不懂得变通。周围的环境发生变化，我们也应该跟着做出改变，可很多人还在固执己见，结果吃亏的还是自己。

人生活在这个世界上，如果遇到事情就喜欢钻牛角尖，结果就会和推门一个道理，白费半天力气，门不但没打开，自己还会

生一肚子气。与之相反，如果遇到事情的时候，适当变通一下，或许会有意想不到的结果。

有一位年轻的林场主，他从父亲那里继承了一大片郁郁葱葱的林场。每天，他都会开着他的小卡车在树木间巡视，心里想着这些树木将来能给他带来多少收益。然而，命运似乎对他开了一个残酷的玩笑——一场突如其来的大火，将他辛苦多年的林场烧得只剩下焦土。

那一刻，这位林场主的内心几乎崩溃了，他漫无目的地走在街上，不知道怎么办才好。那时候恰好冬季来临，他忽然间看到街上的人们排起长队，购买木炭取暖。看到这一幕，他忽然间一拍脑袋：为何不将这场灾难变成机遇呢？

他立刻行动起来，将那些被烧毁的树木加工成木炭。市场对木炭的需求很大，很快，他的"焦木木炭"在市场上大受欢迎，不仅解决了人们的取暖问题，还意外地给他带来了一笔可观的收入。

当我们在生活中遇到困难或陷入两难境地的时候，是否也能像这位林场主一样，灵活变通呢？其实，灵活变通不仅是做人做事的哲学，也是一种分寸感的体现。当你发现一种方式走不通的时候，适时调整你的心态和思路，就有可能打开一扇全新的大门。

就怕你明明知道此路不通,却一条道走到黑,到头来可能会碰个头破血流、浑身是伤,还自我安慰:"你看,我是多有韧性的人。"

持这种刚愎自用的心态,不仅会阻碍个人成长,还可能破坏人际关系和职业前景。比如,一家企业在市场需求变化时,如果坚持自己最初的商业模式不愿做出调整,那么即使他的初衷是好的,最终也可能因为无法满足市场的实际需求而导致企业的失败。诺基亚的陨落就是一个典型的例子。

诺基亚曾是全球移动电话市场的领导者,凭借其创新的手机设计和技术优势赢得了巨大成功。然而,随着智能手机时代的到来,诺基亚却坚守自己的路线,未能及时调整其策略以适应市场的变化。

当苹果和安卓设备开始主宰市场时,诺基亚仍然坚持使用自家的操作系统,未能及时转向更受欢迎的操作系统平台。这种固执的战略选择最终导致了其市场份额的大幅下降,使公司从行业领导者变成了"边缘玩家"。

另一方面,有的人在职场上,即使反复遭到同事的提醒和建议,仍然我行我素,认为自己的方式最有效,这样的态度可能会让他错失与他人协作的机会，影响团队的整体表现，甚至可能因为不能与团队融洽合作而被边缘化。

小郑是一家大型科技公司的软件开发工程师，他因出色的技术能力和丰富的经验而被许多同事尊称为"技术大拿"。不过，随着时代的发展和新技术的涌现，他在工作中的固执己见却逐渐成为团队合作的障碍。

在一次重要的项目中，团队需要开发一个新的客户管理系统。团队成员提出了使用最新的框架来提升系统性能和安全性的建议，但小郑却坚持使用他熟悉的老旧技术线。他认为自己多年的经验足以证明他的选择是正确的，于是对其他人的提议不屑一顾。

"这些新框架每两天就更新一次，稳定性怎么能跟我用了十年的技术线比？"小郑在团队会议上大声反驳，没有给任何同事发言的机会。

虽然项目最终还是按照小郑的方案推进，但新系统上线后频繁出现问题，用户反馈差强人意。团队士气受到了严重影响，小郑的固执也让他慢慢失去了同事的信任和支持。

小郑的问题就出在了故步自封上，他不能看到时代的变化和技术的更新，执着于自己的固有经验，这种做法不仅无法让自己取得进步，也阻碍了公司的发展。

其实，要做到灵活多变，就要求我们尽可能地用开放和发展的眼光看待问题，只有这样才能在复杂多变的环境中保持竞争力和适应力。俗话说："变则通，通则久。"当你感觉到自己的方向可能有误时，要勇于停下来反思，适时调整航向，这不是一种退缩，而是一种分寸感、一种智慧，是为了能前行得更远。

有所为有所不为，取舍之间有分寸

自古以来，"取还是舍"，是一个非常考验人的问题。"取"代表争取或得到，但天上不会掉馅饼，想得到就需要付出一定的代价，这就要求你可能需要"舍"掉一些东西。

关于取舍，有位哲人曾经说过一段话："要想采一束清新的鲜花，就得放弃城市的舒适；要想做一名登山健儿，就得放弃白嫩的肤色；要想穿越沙漠，就得放弃咖啡和可乐；要想拥有永远的掌声，就得放弃眼前的虚荣。"

的确如此。"取"和"舍"像是一种博弈，你很难做到"既要又要"的结果。举个最简单的例子，比如说你想在职场上得到认可和晋升，取得事业的成功，那么你可能就要舍掉很多无意义的社交应酬以及娱乐的时间，把下班后的时间充分利用上。

再比如，想象你是一位年轻漂亮的女孩，你平时会经常购买衣服和化妆品，但是你发现自己每个月的工资几乎都不够花，你陷入了一种经济压力当中。如果你想改变这一状况，就只能通过控制自己的花费和定期储蓄，这其实也是一种"取"与"舍"的体现。

从为人处世上讲，"取舍"更是一门大学问，这不仅是智慧的体现，也是一个人成熟的标志。许多人可能认为，处世如棋，

每一步都要精心算计，然而，真正高明的"取舍"艺术其实更多地体现在能否掌握好分寸，适时放手。

老李是一位园艺爱好者，他的后院种满了各种花草。每当他看到别人的花园丰收时，总是忍不住也要种植更多。结果，他的花园渐渐显得拥挤，许多植物因为得不到充足的阳光和空间而生长不良。

有一天，老李的一个好友来访，看到这个情况后建议他："老李，你的花园真是太拥挤了，每株植物都在争夺有限的资源。或许你可以考虑剪掉一些，留下那些你最喜爱的或者长得最好的。"

老李经过一番思考，决定采纳这个建议。他开始砍去那些生长不良的植物，甚至放弃了一些品种不佳的花卉。不久后，他惊喜地发现，留下的植物不仅生长得更加健康，花园整体的美观也大大提升了。老李从这件事中领悟到，有时候舍弃是为了获得更好的收获，是一种自我更新的勇气。

从老李的故事中我们可以看到，生活中的"取舍"往往是为了获得更好的秩序和更大的成就。不仅仅是个人生活，在工作和人际交往中，知道何时放弃、何时坚持，也同样重要。

如果我们能够在面对选择时，有所为有所不为，剔除那些无关紧要或负面的因素，集中精力于最有价值和意义的部分，我们的人生将会变得更加顺畅。说到这里，下面这个故事或许能够让你更深刻地理解"取"和"舍"的关系。

在一片荒凉的北部边疆，两个探险家汤姆和比尔，正在负重前行，他们肩上扛着黄金和空枪，在浓密的荆棘丛中艰难地穿梭。这两个老朋友刚从一个遥远的矿区回来，他们的黄金是辛苦劳作的成果，而他们的枪械却因为子弹已尽而变得无用。

他们来到一条湍急的河边时，突然听到了背后的狼群嚎叫声。这时，他们必须做出选择：是丢掉身上的黄金和枪，还是带着它们游过这条河？汤姆看着沉重的黄金，毅然决然地把它和枪抛进了河中，仅带着必需的生存工具跳入水中，游到了对岸。

比尔却犹豫不决，他紧紧抱着黄金和枪不愿放手，并试图背着财宝和重枪渡河。然而，重负使他动作迟缓，正当他挣扎向前时，后腿一滑，狼群已经迫近。比尔摔倒了，黄金散落一地，他最终不幸落入了狼口。

汤姆安全地到达对岸，回头看到比尔的悲惨结局，心中五味杂陈。当夜幕降临，他坐在篝火旁，独自反思着这次冒险。他虽然失去了金子，却保住了性命，他从沉痛的教训中学到了生命的价值远超过金银财宝。他向星空许下誓言,今后也不会让贪婪蒙蔽前行的道路。

这个发人深省的故事告诉我们一个深刻的道理:人生有很多时候都需要面临"取和舍",只有从大局出发,从全盘去考虑,才能做出最明智的选择。这样的人,才是真正聪明的人。

你可以生气，但不要越想越生气

人活在这个世界上，难免会遇到一些让自己不愉快的事，碰到一些和自己合不来的人，感到生气也是自然而然的情绪反应。但这并不代表，我们可以任由自己生气和发脾气。

从心理学上来讲，生气是人类的一种防御机制，它提示我们某些事情可能对我们不利，或者我们的期望没有被满足。从这个角度来看，生气是一种能量，提醒我们需要采取行动或做出改变。但是，如果我们被这种情绪控制，又会给我们带来很多问题。

比如，当我们对某件事情感到生气时，很容易陷入一种负面情绪的循环，即"越想越生气"。这种情绪循环会加剧我们的愤怒感，甚至可能导致过激的行为发生。

想象一下，小张在会议中被上司公开批评后，感到非常愤怒。回到座位上后，他不断地回放刚才那一幕，想着各种针锋相对的对话，结果不仅情绪没能平复，反而愈演愈烈。这不仅影响了他当天的工作效率，还影响了与同事的互动。

如果更为严重一点，小张被批评之后，回到座位上越想越生气，觉得上司根本就不尊重他，甚至有意让他在同事们面前出丑，是在故意针对他。于是，小张心想：一定要给他一个教训，太欺负人了！他怒目圆睁，恶狠狠地走向了上司的办公室……

这种失控的愤怒，对小张和他的职业生涯无疑是极其有害的。如果他冲动行事，比如对上司发起面对面的攻击，不仅可能因此遭受纪律处分，甚至可能面临严重的职场后果，比如被降职或解雇。同时，这样的行为也会给他的职业声誉带来不可逆转的损害。

其实，在生活中，人与人之间所发生的激烈冲突，包括一些悲剧，很多时候都是由于情绪失控造成的。一个人在极端愤怒时，理性常常被情绪冲昏头脑，导致其可能会做出一些无法预料后果的决策。因此，学会如何在怒气涌上心头时及时给自己"按下暂停键"，是十分重要的。

有一位母亲十分关注孩子的学习，但恰恰他的孩子过于淘气，在学习上并不专心。每当这位母亲辅导孩子学习时，她都能被孩子气得心跳加速、血压升高，然后就会劈头盖脸地把孩子吼骂一顿，孩子因此更抵触学习了。

后来，这位母亲从一位心理专家那里学了一个方法：每次感到自己快要"发飙"的时候，就独自一个人走到没人的地方，做几次深呼吸，让情绪平稳下来之后再继续辅导孩子的学习。这个方法坚持了一段时间后，她发现自己也能控制住情绪，不再吼骂孩子了。母子俩的关系变得比以前顺畅得多，孩子对学习的积极性也有了好转。

不得不说，这个方法是有一定效果的。当我们遇到生气的事情时，不妨也试着让自己"按下暂停键"，或是通过转移注意力的方式来避免自己越想越生气，甚至走向极端。

要知道，能够掌握自己的情绪也是一种分寸。你可以生气，但尽可能不要让生气变成愤怒；你可以难过，但也尽可能不要让难过变成抑郁。一个聪明的人，在面对令人生气的事情时，可能会用更巧妙的方法来处理，而不会选择大发脾气。

一位来自伊利诺伊州的议员在初上任时，受到了另一位官员的嘲笑："这位从伊利诺州来的先生，口袋里恐怕还装着燕麦吧？"这句话的意思是：这位新上任的议员不过是农夫出身，根本不配成为一名议员。

没想到，这位议员听完后丝毫没表现出生气的样子，而是从容不迫地答道："是的，我的口袋里不仅装有燕麦，而且我的头发里还藏着草屑。我是西部人，难免有些乡村气，可我们的燕麦是全国最好的燕麦。"

你看，在遭受对方如此羞辱之下，这位议员并没有恼羞成怒，而是很好地控制住了自己的情绪，并且就对方的话"顺水推舟"，做了绝妙的回答，不仅自己没有受到损失，反而使他从此出了名，成为很多人熟悉的"燕麦议员"。

生活中，有人刁难你，有人背叛你，有人欺骗你，这些都可能会让你感到生气。但你也懂得，诸如生气这样的负面情绪，只是一种心理上的产物，它们的存在不会带给你一点好处，只会增加你心理上的负担，让人际关系变得更糟糕，让你更无法集中精力做那些重要的事情。

所以，在为人处世上，我们不妨尽可能豁达一些，以平和的心态去面对人际关系中出现的各种挑战。尽量不为小事生气，更不要让自己越想越生气。

该让步时别坚持，该坚持时别让步

我们通常认为坚持自己的立场是展示力量和自信的标志。不过，真正的智慧不仅仅在于坚持你所认为的正确，更在于懂得适时做出让步。俗话说得好"退一步海阔天空"。

让步并不意味着妥协或认输，而是一种更高层次的为人处世的艺术，它能够化解冲突、增进理解和深化关系。在人际对抗中，坚持己见可能会导致双方关系僵化，甚至破裂。而适时让步则可以缓解这种紧张的状态，为双方提供缓和调整的空间。

一辆公交车上，一位年轻的小伙子随地吐了口痰，售票员大哥看见了，就提出批评："这位同志，怎么能乱吐痰啊？"这个小伙子原本心情就不好，听到售票员的话后，没好气地又吐了三口，嘴里还骂骂咧咧的。

售票员看到他的举动，顿时气得面色发红："你……你……"说着就冲着小伙子走过去。这时候，车厢里的气氛充满了火药味，乘客们也议论纷纷，有的在批评小伙子素质太低，有的在劝售票员消消火气，还有的在等着看热闹。

售票员走到小伙子面前，握了握拳头。小伙子也挺起胸脯，准备迎接这场"战斗"。整个车厢的空气瞬间凝固住了。就在这时，售票员从口袋里掏出了纸巾，对小伙子说："同志，车厢是公共空间，请你不要随地吐痰。"说完，他弯下腰把地面上的痰迹擦掉，又回到自己的座位上。

看到售票员的这一系列举动，大家愣住了。车内鸦雀无声，那个小伙子的舌头仿佛突然短了半截，脸上开始感觉发烫。很快，车到站停了下来，小伙子急忙走到车门口准备下车。下车前，他对售票员说："大哥，是我不对，我下次注意。"然后匆匆忙忙地下车了。车上的人都笑了，大家都很佩服售票员大哥，他真够能忍的。

在这个故事中，售票员并没有将矛盾激化，而是通过退让的方式，不仅保持了自己的尊严，也保护了那位年轻人的自尊，避免了可能的肢体冲突。这种处理方式展示了深厚的自我控制力和对情绪的精准管理。他的行为不是妥协，更不是胆小，而是一种超越直接冲突的智慧。

忍让不是无原则地退让，而应该是在评估情况后做出的最佳选择。这种方式往往能够转化潜在的负面能量，使对方意识到自身的错误，从而维持秩序、关系的和谐，这正是为人处世中的一种高级智慧。**真正的聪明人懂得如何用平和的方式，而不是通过武力或者争吵来解决问题。有时候，他们还会因为考虑到大局而做出让步。**

美国前总统亚伯拉罕·林肯年轻时言辞尖刻，有时甚至因此到了与人决斗的地步。后来，他接受教训，在非原则性问题上总是避免与别人发生冲突。

后来，在美国南北战争时期，林肯任命了一位名叫埃德温·斯坦顿的人为他的战争部长。不过，斯坦顿在公开场合曾多次对林肯进行粗鲁的批评，甚至曾经公开称林肯为"愚蠢的长颈鹿"。尽管如此，林肯仍认为斯坦顿是一位极有才能的组织者，能够高效地管理战争部的事务。因此，林肯选择了忍让，没有对斯坦顿的不敬行为进行报复或者公开反驳。

林肯的忍让不仅展现了他的宽广胸怀，也体现了他以大局为重的领导风格。他知道在那个动荡的时期，维持内阁的稳定性比回应个人攻击更为重要。最终,斯坦顿证明了自己的价值,成为林肯在战时极为依赖的一个助手,他们之间的关系也逐渐转变成相互尊重和信赖。

小不忍则乱大谋，适度忍让体现的不仅仅是一个人的涵养，更是一种避免冲突、顾全大局的智慧。很多人在为人处世上斤斤计较、寸步不让，觉得这样才不吃亏。其实这种想法并不见得有多聪明。

德国诗人歌德到公园散步，在一条狭窄的小路上，与一位反对他的批评家相遇。那位批评家傲慢无礼地说："知道吗，我从来不给傻瓜让路。"歌德笑道："而我正好相反。"说完，他闪到路的一旁，让批评家先过去。你看，到底谁是傻瓜呢？

在人际关系中，适度让步还会对你的事业有所帮助。比如在职场上，适当地把功劳谦让给你的同事和领导，不仅显得你低调，而且也会为你赢得他们的帮助和支持；在生意场上，适当地让利给你的客户，让对方产生一种"占便宜"的感觉，会让你的客户更愿意与你合作，让你的生意越做越大。

当然，让步也是有分寸的，并不是在所有问题或矛盾出现前都需要做出让步。正如我们之前所提到的，做人做事都要有自己的底线，触碰到底线的让步势必会给自己或他人带来损失。

特别是，如果让步会带来法律风险、生命安全风险，违背道德和个人信念，对你所在的企业或组织造成伤害时，就应该坚持底线，不随意让步。希望你懂得：该让步时，坚持是愚蠢的；该坚持时，让步是愚蠢的。把握好让步和坚持的分寸，你的人生之路将会变得更宽广。

善良也要有锋芒

在过往的教育中，我们常常被引导要做一个老实厚道的人。的确，在为人处世中，忠厚老实的人容易给别人留下很好的印象，给人以善良、容易接触的感觉，所以忠厚老实的人也容易因此获得很好的人际关系。

老陈在他的公司里以"老好人"著称，不论谁有难处，都会第一时间找到他求助。起初，老陈感到能帮助同事是一件值得骄傲的事情，他认为这样能够赢得同事们的好感和尊重，但渐渐地，这种无微不至的帮助开始给他带来负担。

比如，有一次部门内有一个紧急的报告需要完成，原本这是一个团队的任务，但同事们却纷纷把工作堆到了老陈一个人的头上。老陈本想拒绝，但话到嘴边，又咽了回去。"老好人"老陈只好自己加班加点，几乎耗尽所有的精力和时间去完成这个报告。报告完成得非常出色，团队也因此受到了领导的表扬，但在表扬的名单上，老陈的名字却被无意地忽略了。

到了年底，公司评选优秀员工，尽管老陈全年都在默默承担着额外的工作量，助人为乐，却从未因此获得过何种实际的奖励或认可。评选结果出来后，老陈却有点生气了：那些善于表现自己，时常在领导面前露面的同事被提名，而他依旧没有得到任何的奖励。

在为人处世中，如果一个人表现得过于软弱或顺从，他可能会被视为容易被欺负的目标。这种表面上的软弱有时会助长某些人利用、控制或侵犯他人的倾向。当人们觉得可以不承担后果地推卸责任或施加压力时，他们可能更倾向于这样做。

所以，为人处世太过老实厚道，可能会让自己吃亏、受委屈，甚至遭到不公平的对待。因此，有必要建立坚定的界限，并在必要时能够坚定地维护自己的权利和利益，这不仅有助于保护个人免受不公平对待，还可以提高他人对你的尊重。

有一位学生特别老实，遇事总是十分忍让，因此，虽然班里的绝大多数同学对他并无恶意，但在不知不觉中总是把他当作一个可以牺牲个人利益的人：看电影时他的票被别人拿走，春游时他被分配给大家看包的任务……但实际上，他也希望得到属于自己的那份利益与欢乐，但由于他的软弱和忍耐，这一状况持续了很久。

终于有一天,班上发放演出票,一场期待很久的演出眼看又没有他的票了。这次他忍无可忍了。一向沉默的他情绪突然"大爆发":他脸色铁青,激动的声音使所有人都惊呆了,然后在众目睽睽之下走到讲台前拿走了最后两张票,摔门而去。

大家在惊讶之余似乎也领悟到了什么。后来的日子里，身边人对他的态度似乎好多了，再没有人敢未经他的同意轻易拿走他的东西了。

你的善良必须有所锋芒，只有这样，你才有能力真正保护你的善良。对于不合理的要求，你要拒绝，你可以委婉地拒绝，也可以直接说"不"。在关键时刻，你要展现出一种并不软弱的架势，你要让别人看到你坚硬的那一面。

对于那些试图利用你的人，你需要明确地标出你的界限。在生活中，你必须识别那些想要榨取你的时间、精力或资源的情况。这并不意味着你需要变得刻薄或冷酷，而是要变得更加明智，知道在什么时候该给予，在什么时候则应该坚决说"不"。

就像上面提到的"老好人"老陈，他完全可以婉转地拒绝为同事提供这种无偿的帮助，而把时间和精力节省下来，发展自己的职业技能。这种处理方式并不会让别人觉得他不热情或自私，相反，还会让别人觉得他的时间很宝贵。

有时候，你的决断会让一些人感到不快，这是正常的。人们尊重那些有原则、有界限的人。如果你总是随波逐流，你可能会发现自己被置于不利的位置。你的坚定不仅能够保护你自己，也会吸引那些真正尊重你的人。

在处理与他人的关系时，善良和坚定并不矛盾。真正的力量

来自对自身价值的认识和对他人尊严的尊重。 通过坚持原则和把握分寸，你不仅保护了自己的利益，也表明了你愿意为正确的事情站出来，即使这意味着面对冲突。这样的态度能够给你带来更健康、更平衡的人际关系。

做好分内事，谨慎去管分外事

有人说，人来到这个世界上就是做事的。一件一件的事情串联成我们的生活，我们每完成一件，就向前走了一步。这个说法，其实并不是没有道理的。我们从出生，到上学、工作、结婚、育儿……各个阶段都有自己要忙碌的事情。

但是事情不仅有大小之分，有轻重缓急之分，更有分内和分外之分。所谓分内事，指的是那些属于我们职责范畴内的任务和责任，它们是我们必须完成的工作，比如一个老师教授学生、一个医生治疗病人、一个设计师完成设计方案。这些是我们根据职业角色或生活角色所应承担的义务，它们构成了我们日常生活的基础和支柱。

而所谓分外事，通常指的是那些超出我们日常职责范围的事情。例如在职场中，一个工程师可能不需要负责市场营销，一个会计不必去管理人力资源。这些任务虽然对于整个团队或组织的运作也很重要，但它们并不属于个人必须承担的责任。

区分分内事和分外事的重要性在于，它不仅能帮助我们合理分配时间和精力。更为重要的是，在为人处世中，这种明确的区分能让我们对自己在社交、工作等场合上更有分寸感，避免不必要的冲突和压力。

李阿姨很热心，恰逢一大家子亲戚聚餐，看到侄女小美坐在桌边有些闷闷不乐，出于关心，李阿姨就问："小美呀，最近怎么样啊？工作还不错吧？"

小美刚大学毕业，正在经历求职的压力和感情上的双重困扰。李阿姨这么问，有点戳中她的痛处了，但出于礼貌，她也就硬着头皮答了一句："嗯，还没找到呢。"

李阿姨此时话匣子打开了："哟，那得抓紧啊，现在工作多不好找啊，你是不是要求比较高啊？不成就先降低点要求，找一个先干着，积累点经验。"

小美听完不乐意了，怼了李阿姨一句："要不您帮我找一个？"

这时候饭桌上的气氛有点尴尬，李阿姨可能也觉得有点不好意思，便又找了个话题："对了小美，谈朋友了不？也该找一个了……"

李阿姨的话又一次戳中了小美的痛处，这让她非常不舒服，明明是自己的私事，为什么姑姑要在这么多亲戚面前谈论呢？小美生气地站了起来:"我有事先走了,你们吃好。"说完,小美扭头就走了出去,剩下李阿姨尴尬地坐在那里。

李阿姨的失败之处,就在于她没有很好地区分分内事和分外事。她的行为虽然出于对侄女小美的关心,但却过度介入了小美

的个人领域，尤其是在家庭聚会这样的公共场合，这样的行为容易让人感觉到压力和尴尬。就像窥探别人隐私一样，是一种缺乏分寸感的表现。

再比如，你的好朋友正在经历婚姻的风波，他可能找你来诉苦，也希望你能给他出主意。但这个时候你要明白，婚姻是别人的家事，不是你分内的事，所以你最明智的做法就是当个听众，让你的朋友好好倾诉即可。如果你真去出谋划策，万一结果不如人意，你可能就成了那个推波助澜的人了，很容易因此而影响你们的关系。

在社交过程中，我们应该尽量避免过度关心和插手别人的私生活，否则不仅给别人不尊重的感觉，而且也会给自己带来很多不必要的麻烦。

做好你的分内的事，少管分外的事，在职场上也是一样的道理。**特别是刚入职场的人，应该先把自己手头的事情做好，在公司里树立了一定的信用、拥有了一定良好的关系之后，再适合去争取一些其他的机会。**

一向上进的小张就犯了这个错误。小张刚加入一家大公司，非常热情和积极，希望能快速证明自己的能力。有一次，他无意中听到同事们在讨论一个难缠的客户问题，虽然这不是他的工作职责，但小张决定主动尝试解决这个问题。

下定决心之后，小张花了大量时间研究解决方案，不过，由于缺乏相关经验和对情况的全面了解，最后他的建议不仅没能帮助解决问题，反而给团队制造了麻烦。他的主管私下里严厉地告诫他，最好专注于自己的本职工作，并在尝试帮助解决其他问题之前先征求上级的意见。

像小张一样，如果你不懂得在职场上先做好自己分内的事，总想着去争取做一些分外的事，很有可能最后什么都做不好。在商业领域，你可能也会注意到，有的公司发展到一定阶段后，总想着跨界去做点别的生意，结果到头来不仅新领域没有做好，而且主业也被拖累了。

所以，无论是做人也好，做事也罢，一定要分清楚分内事和分外事，管好你自己应该管的，少管那些你不应该管的。坚持这个做人做事的原则，既节省你的精力，又能减少很多麻烦，何乐而不为呢？

生活要有追求，但不要过于追求完美

在这个竞争激烈的社会中，每个人都想把事情做到最好，希望自己的每一个细节都无可挑剔，希望每个人都能发自内心地喜欢自己。但是，如果你在生活中过于追求完美，甚至被完美主义所困，那么这种过度的追求可能会成为你的负担，让你陷入永无止境的焦虑中。

　　这个世界本没有十全十美的事物，也没有十全十美的人际关系。如果你刻意去追求极致的完美，恐怕到头来只会是竹篮打水一场空。有这样一个笑话，或许能带给你一点启发。

一位男士走进婚姻介绍所，进了大门后，迎面又见两扇小门，一扇小门上写着"美丽的"，另一扇写着"不太美丽的"。

男人推开那扇写着"美丽的"的门，迎面又看见两扇门。一扇写着"年轻的"，另一扇写着"不太年轻的"。男人推开写着"年轻的"那扇门，然后又出现了写着"温柔的"和"不太温柔的"的两扇小门……

就这样一路走下去，男人先后推开了十几道门，他期望找到一个具有所有优点的完美伴侣。终于，他来到了最后一道门，门上却写着这样一行字："你的追求过于完美了，到梦里去找吧。"

这个笑话虽然荒诞，却深刻揭示了过度追求完美可能导致孤独和失败的道理。过度追求完美的人往往难以容忍生活中的小瑕疵和不可预测性，这种不容忍会限制他们的社交圈，使他们错失建立更广泛人际关系的机会。

更严重的是，当我们不能接受自己的不完美时，也就更难接受他人的不完美。这种态度不仅限制了个人的心理发展，还可能伤害到他人的自尊心，破坏亲密关系。

比如在亲子关系中，如果父母过分追求完美，可能会无意中对孩子施加过大的压力。例如，一些父母可能要求孩子在学业、体育等各方面都要达到最优，这种期望虽出于对孩子的关爱，却可能使孩子感到巨大的压力和恐惧，这无疑会削弱亲子间的信任和亲密感。

在夫妻关系中，过于追求完美的伴侣可能会对另一半的小错误过于敏感和挑剔，如家务分配不够平均、对方的生活习惯不好等。这些不完美的地方，如果不能被接受和包容，可能会成为夫妻争吵的源头，慢慢累积成更深的情感裂痕。

朋友之间，完美主义也可能导致友谊的破裂。朋友关系的美好往往来源于双方的真诚和接纳，如果一方对另一方持续施加完美的标准，可能会让对方感到被评判和不被接纳。友谊应建立在理解和接受的基础上，只有当朋友们能够自在地展现自己的不完美，才能更深入地理解彼此，增进彼此间的信任和亲密。

所以，在为人处世中，我们要尽量学会接纳自己和别人的不完美，这样不仅能让自己更加轻松自在，也能让人与人的关系更加稳固和长久。通过减少对完美的追求，我们可以更真实地展示自己，更深刻地连接他人，共同创造一个更加宽容和理解的关系。

当然，话又说回来，即使我们不过于追求完美，我们也应该对自己有所要求，比如外在的形象、知识与见识、事业上的成长、身体的健康，等等。如果没有要求，我们就很容易成为得过且过的人。

想象你是一位年轻的女孩，今天要去参加一个重要的聚会，尽管你没有必要在出门前花上几个小时去化一个完美的妆，但也不能不刷牙不洗脸，不修边幅地出门吧？至少你也应该洗漱干净，化个淡妆，穿上得体的衣服，在镜子前照一照，确定自己看起来十分得体，再出门去参加活动。

同样地，虽然你不应该对别人太过挑剔，不能用完美的标准去苛求身边人，但是该对身边的人提出一些合理要求的时候，你也不能表现得无所谓。

你可以不要求孩子在各方面都非常优秀，但你应该提醒他关注学习，这是他的"主业"，至少要求他能够跟得上老师的进度，学习态度端正，最好能有一两个科目表现得不错。

再比如你是一位管理者，你无法要求你的下属或员工都像你一样经验丰富又有能力，但是你可以要求他们把手头的工作做好，把每个细节都做好。要求和监督别人，这是你作为管理者的工作职责。

由此可见，虽然追求完美不是必要的，但在生活和工作的各个层面中，保持适度的标准和期望是必要的，也是一种分寸感的体现。保持适度的标准和期望，不仅能帮助我们拥有更好的心态、更积极的情绪，而且也能提高工作和生活的质量，维持和谐的人际关系。